Miriam Engel

ROYAL FÜHREN, LOYAL HANDELN

Nachhaltige Wertschöpfung für Ihr Unternehmen

Miriam Engel sammelt seit 20 Jahren Erfahrung in Redaktion, Marketing und Geschäftsführung – zunächst in Anstellung, seit 2011 als selbstständige Unternehmerin. Aus einer Kommunikationsagentur erwuchs schließlich die Managementberatung loyalworks® mit Sitz in Göttingen. Sie berät und betreut Betriebe, die ihre Mitarbeiter nachhaltig binden und passende Kandidaten für das Unternehmenswachstum gewinnen wollen. So wurde aus der Kommunikationswirtin und Marketingkauffrau auch die Expertin für Loyalität im Arbeitsleben.

Miriam Engel

ROYAL FÜHREN, LOYAL HANDELN

Nachhaltige Wertschöpfung für Ihr Unternehmen

UVK Verlag · München

Bibliografische Information der Deutschen Bibliothek

Die Deutsche Bibliothek verzeichnet diese Publikation in der Deutschen Nationalbibliografie; detaillierte bibliografische Daten sind im Internet über <http://dnb.ddb.de> abrufbar.

ISBN 978-3-86764-873-8 (Print)
ISBN 978-3-7398-0475-0 (E-PUB)
ISBN 978-3-7398-0476-7 (E-PDF)

Einbandgestaltung: Susanne Fuellhaas, Konstanz
Autorenfoto S. 2: © Harald Wenzel
Druck und Bindung: CPI books GmbH, Leck

UVK Verlag
Nymphenburger Straße 48 · 80335 München
Tel. 089/452174-65
www.uvk.de

Narr Francke Attempto Verlag GmbH & Co. KG
Dischingerweg 5 · 72070 Tübingen
Tel. 07071/9797-0
www.narr.de

Vorwort von Anne M. Schüller

Loyale Kunden, loyale Mitarbeiter, loyales Management: Dieses Mindset prägt meine Arbeit seit Jahren. Miriam Engel spricht mir also aus dem Herzen. Mit ihrem Buch *Royal führen, loyal handeln* macht sie Loyalität zur Leitidee und zur Handlungsmaxime eines erfolgreichen Unternehmens. Darüber hinaus macht sie den Lesern Mut, die unternehmerischen Herausforderungen, die sich aus Digitalisierung, Globalisierung und Demografiewandel ergeben, aktiv anzupacken. Zugleich stellt sie dar, wie sich ein Kulturwandel in der internen Zusammenarbeit ansteuern lässt, um seine Attraktivität als Arbeitgeber zu stärken.

Auf Basis der Begriffsdefinition *loyaler Führung* zeigt sie in Form konkreter Handlungsfelder, wie Unternehmen ihre Zukunftsfähigkeit durch den Aufbau von Loyalität sicherstellen. Dem legt sie Studien zugrunde, die den aktuellen Arbeitsmarkt in Deutschland und darüber hinaus beleuchten – Studien, die genug Begründungen liefern, um genau jetzt tätig zu werden.

Doch wie ist Loyalität überhaupt zu verstehen? Loyalität ist freiwillige Treue. Man kann sie nicht erkaufen, nicht einfordern und schon gar nicht erzwingen. Man bekommt sie geschenkt. Loyale Mitarbeiter sind ihrem Arbeitgeber im Herzen treu. Sie gehen engagierter und produktiver zur Sache. Sie kümmern sich wirklich um das Wohl ihrer Firma. Sie identifizieren sich mit ihr und machen deren unternehmerische Interessen zu ihren eigenen. Sie sprechen oft, gut und gerne über die Firma – drinnen und draußen. Sie empfehlen deren Angebote und das Unternehmen als Arbeitgeber vehement weiter.

Solche Loyalität entsteht durch Wertschätzung, Vertrauen und Anziehungskraft, aber niemals per Dienstanweisung. Sie zeigt sich auf vielfache Weise: Leistungsbereitschaft, Verlässlichkeit und Aufrichtigkeit gehören genauso dazu wie Leidenschaft und Integrität. Dies alles bekommt ein Arbeitgeber freilich nicht wie von selbst. Mitarbeiterloyalität muss man sich, genauso wie Kundenloyalität, immer wieder neu verdienen.

Falsch verstandene Loyalität hingegen beruht auf blindem Gehorsam. Sie deckt unlautere Machenschaften und vertuscht unkorrektes Verhalten. Sie erduldet Mühsal und sitzt alles aus. Solch unreflektiertes Ja-Sagertum ist für jedes Unternehmen gefährlich. Diese Art von Loyalität ist hier also *nicht* gemeint. Wer seine individuellen Werte, seine Bedürfnisse und das, was Sinn macht, am Arbeitsplatz aufgeben muss und sich ständig verbiegen soll, kann keine echte Loyalität entwickeln. Sich voll und ganz mit einem Unternehmen identifizieren zu können heißt also auch, sich selbst treu zu sein.

Das Potenzial, das in loyalen Mitarbeitern steckt, verleiht einem Unternehmen ungeahnte Möglichkeiten: das Recruiting wird vereinfacht, die Mitarbeiter bleiben länger an Bord, sie bringen sich selbst und gute Ideen stärker ein, die Wertschöpfung, die sie erschaffen, ist höher. Zudem sind sie glaubwürdige Botschafter auf Bewerber- und Kundenseite. So holen sie sowohl gute neue Bewerber als auch gute Kunden an Bord.

Jede Unternehmensstrategie ist nur so erfolgreich wie die Menschen, die voll und ganz dahinterstehen. Loyale Mitarbeiter sind somit der entscheidende Wettbewerbsvorteil. Die *loyale Führung* ist ein ganzheitlicher Ansatz, der das gesamte Unternehmen und den Umgang mit jedem einzelnen Mitarbeiter hinsichtlich Einstellung und Verhalten erfasst.

So geht es in diesem Buch um die auf Loyalität fokussierenden Führungsinstrumente. Über die drei Kategorien Recruiting, Onboarding und Mentoring werden die dafür wesentlichen Führungsaspekte systematisch miteinander vernetzt: von der effizienten Personalgewinnung über die reibungslose Integration von Mitarbeitern bis zu qualifizierten internen Programmen des strukturierten Wissenstransfers und einer permanenten Mitarbeiterentwicklung.

Das ermutigende Fazit: Wer zukünftig die loyalsten Mitarbeiter hat, macht das Rennen.

München, im Februar 2019

Anne M. Schüller

Keynote-Speaker, Business-Coach und Bestsellerautorin

Persönliche Worte

Liebe Leserin, lieber Leser,

zuallererst möchte ich die Frage nach dem Titel beantworten. Unter *royal* versteht man etwas Königliches, etwas Hoheitliches. Denken wir an das klassische Pyramidenmodell vieler Unternehmen, säße der Chef, der König, oben an der Spitze auf dem Thron. Früher mit Erfolg, heute nicht mehr. Die Arbeitsmarktbedingungen, die Mentalität und die Erwartungen des „Volkes" Mitarbeiter haben sich drastisch gewandelt. So kann ein Chef heute nicht mehr von oben herab steuern, sondern hat vielmehr die Aufgabe, unten, bildlich als das Fundament der Pyramide, den Weg zu ebnen für den Erfolg seines Unternehmens und jedes einzelnen Mitarbeiters. Wird dieses nicht getan, passiert das, was wir aus der Geschichte bereits kennen: Diejenigen, die mit den Lebenswelten in den Königreichen Großbritannien, Deutschland und Frankreich nicht zufrieden waren, haben ihrem Land den Rücken gekehrt und etwas ganz Neues geschaffen, nämlich die USA, die viele erfolgreiche Innovationen hervorgebracht hat: eine moderne Demokratie, Erfindungen wie die Glühlampe, das Telefon usw. Analog für den Führungsstil in unseren Unternehmen bedeutet dies: Wer sich in einer Firma nicht wohl fühlt, wird abwandern und sich in einem anderen Unternehmen mit seinen Ideen und seinem Engagement einbringen. Und da sind wir bei meinem Thema.

ich freue mich, dass Sie sich für loyale Führung interessieren. Mein ganzes Leben lang begleitet mich die Frage nach der Loyalität. Und ich begann früh, Wege zu finden, die die Loyalität in meinen Beziehungen zu Menschen untermauerten. In meinen beruflichen Erfahrungen seit 1998 musste ich mein Verständnis von Loyalität, auch getrieben von einigen Turbulenzen, hinterfragen, definieren und festigen. Insbesondere die Beziehung zu Vorgesetzten,

Kollegen und Mitarbeitern, später zu meinen Kunden, betrachtete ich aus verschiedenen Blickrichtungen. Es reichte mir nicht, Bücher über Vertrauen und Ratgeber über das Führen von Beziehungen zu lesen. Ich musste es selbst erfahren. Aus diesem Grund kam ich schon jung zu einem beträchtlichen Umfang an Lebenserfahrung. Erst jetzt, aus den Erfahrungen der letzten Jahre, kann ich den Begriff „loyale Führung" so einleuchtend zusammenfassen, dass Sie nun dieses Buch von mir in den Händen halten.

Von meinen ersten Überlegungen zu diesem Buch bis zur Druckabgabe dauerte es einige Jahre. Es war die Zeit, in der ich die lange von mir ausgeübten Kommunikationsmethoden hinsichtlich loyaler Führungskompetenzen an praktischen Beispielen übte und deren Wirkung nachvollzog. Die Resultate übertrafen meine Erwartungen bei Weitem. Und je tiefer ich in die Materie einstieg, desto mehr Menschen fand ich, die in die gleiche Richtung dachten und handelten wie ich.

Von loyaler Führung kann jeder profitieren. Dabei ist es mir wichtig, den Menschen im Unternehmen zu einem besseren Verhältnis miteinander und gemeinsam zu besseren Ergebnissen zu verhelfen – ohne dass jemand seinen persönlichen Stil aufgeben muss. Im Gegensatz dazu können Sie Ihr eigenes Verhalten und Vorgehen verfeinern und Ihr Unternehmen im Sinne aller auf einen sicheren Zukunftskurs leiten.

Da Führungskräfte in Unternehmen Multiplikatoren sind, ist das Konzept der loyalen Führung speziell auf die Anforderungen im Management ausgerichtet. Als Vorreiter für den loyalen Umgang miteinander können sie ihre Unternehmen von innen stabilisieren.

Das Ziel meiner Arbeit bei den Führungstrainings und der Integration von Kommunikationsprozessen sehe ich in der Verbesserung beruflicher Wirksamkeit in Verbindung mit persönlichem Wohlbefinden. Meine größte Referenz ist der Erfolg meiner Kunden.

Ich wünsche Ihnen viel Vergnügen bei der Entdeckung des Potenzials in Ihrem Unternehmen und eine erfolgreiche Zukunft.

Mit loyalen Grüßen

Ihre

Miriam Engel

Ich möchte verständlich und flüssig lesbar schreiben. Daher verzichte ich auf geschlechtsspezifische Formulierungen. Natürlich sind alle Menschen angesprochen und niemand wird ausgeschlossen.

Inhaltsübersicht

Inhaltsverzeichnis

Abbildungsverzeichnis

Unter uvk.digital/9783867648738 und https://loyal-fuehren.de stehen Materialien zum Buch zum Download zur Verfügung.

1 Der Mensch auf dem Arbeitsmarkt

Schon 1997 prognostizierte eine McKinsey-Studie den „War for Talents“. Der Erfolg von Unternehmen hängt vor diesem Hintergrund essenziell davon ab, wie sie Mitarbeiter anziehen, entwickeln und halten. Es sind nicht mehr die Produktion oder die Marktbedingungen, die Unternehmen in ihrem Wachstum einschränken, sondern der Mangel an ausreichend und gut qualifiziertem Personal.

Ein Blick auf die demografische Entwicklung zeigt uns, dass schon 2030 in Deutschland rund acht Millionen Stellen nicht nachbesetzt werden können. Dieser Arbeitskräftemangel wird nicht nur Deutschland, sondern ganz Europa betreffen. Aus diesem Grund ist die Gewinnung und Bindung von Mitarbeitern und Nachwuchskräften längst nicht mehr nur Thema für Personalverantwortliche, sondern ebenfalls für Geschäftsführer und Unternehmer.

Parallel wirken sich geänderte Lebensmodelle auf die Wechselbereitschaft von Mitarbeitern aus. Doch wer nicht ganz ins Unternehmen integriert ist, wird auch kein Wachstumstreiber für das Unternehmen sein.

Anne M. Schüller fasst es treffend zusammen: „Der demografische Wandel, der Kampf um die Besten und der Glashaus-Effekt, den das Social Web mit sich bringt, halten ganz neue Anforderungen bereit: Personaler müssen das Verkaufen lernen.“[1]

In diesem Buch will ich auf die Integrität und die Loyalität in Führung und Zusammenarbeit eingehen.

---

1 https://blog.anneschueller.de/die-touchpoints-zwischen-bewerber-und-arbeitgeber-teil-1-mundpropaganda-steht-an-erster-stelle/ (Stand: 8.4.2019)

Loyalitätsbedarf in deutschen Unternehmen

So viele Arbeitnehmer würden die Passwörter ihrer Firma gegen Geld verkaufen:

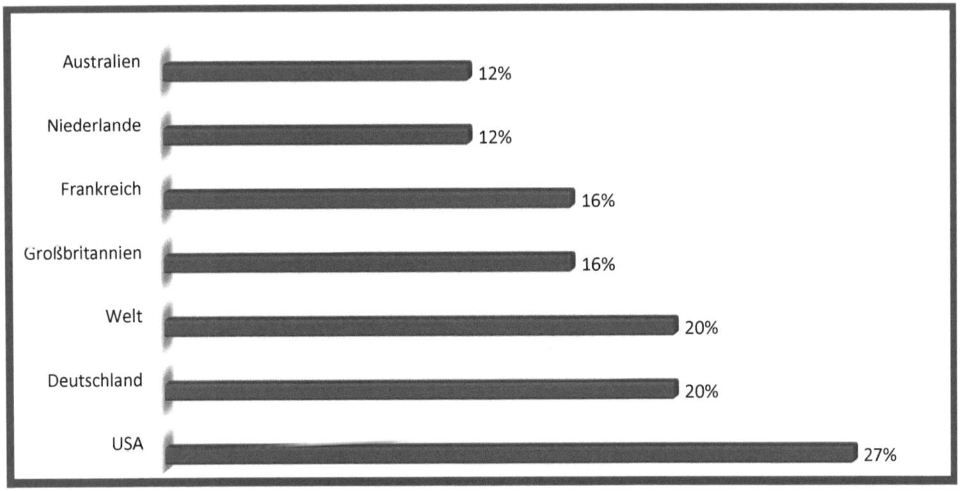

Quelle: SailPoint (sailpoint.com), 1000 befragte Büroangestellte aus Unternehmen mit mindestens 1.000 Angestellten, März 2016

1.1 Loyalität auf dem Arbeitsmarkt 2019

54 % der Deutschen erwägen Jobwechsel – so hieß es Anfang 2019 in der Studie „Jobwechsel 2019“[2]. Stellen Sie sich mal vor, morgen ist Ihre halbe Belegschaft weg … dauerhaft.

Mehr als jeder zweite Deutsche ist offen für einen Jobwechsel oder bereits aktiv dabei, den Job zu wechseln. Bei den Jüngeren (18 bis 34 Jahre) können

[2] Studie durchgeführt von JobUFO, Berlin

sich sogar drei von vier Befragten vorstellen, 2019 den Job zu wechseln. Über alle Altersgruppen hinweg sind auch Arbeitnehmer mit Hochschulabschluss wechselbereiter als solche ohne Hochschulabschluss (63 %).

Dies sind nur drei Befunde der Studie „Jobwechsel 2019“, für die „JobUFO“, ein Anbieter mobiler Bewerbungsprozesse, über 1.000 Arbeitnehmer in Deutschland befragt hat. JobUFO-Geschäftsführer Thomas Paucker prognostiziert: „Der Kampf um die besten Talente wird dieses Jahr nochmal an Schärfe zulegen, denn vor allen Dingen die jungen und gut ausgebildeten Arbeitnehmer sind nicht mehr so loyal ihrem Arbeitgeber gegenüber und kennen gleichzeitig ihren Marktwert sehr genau.“[3]

Als Grund dafür gilt die Digitalisierung: Einerseits kommt man immer einfacher an Informationen zu potenziellen neuen Stellen, andererseits sind die Digital Natives so gut qualifiziert, dass sie besonders wertvoll für jede Firma sind. Die Loyalität zum Unternehmen lässt tendenziell immer mehr nach. So gut wie niemand der 18- bis 34-Jährigen wird heutzutage noch sein ganzes Leben in einem Betrieb verbringen. Die Generation Y ist allgemein betrachtet weit weniger loyal als vorherige Generationen.

Stattdessen wird das Leben flexibler, und so muss sich die Arbeit anpassen. Arbeit ist heute „nur noch“ ein Teil des Lebens und nicht mehr der übergeordnete Bereich, über den man sich definiert. Vielmehr geht es heute darum, ein ausgeglichenes, glückliches Leben zu führen, das sich zum Beispiel anpasst, wenn der Partner umzieht, wenn ein Kind kommt oder man sich einem Projekt widmen möchte. Für viele Arbeitnehmer ist heute laut Studie auch die Zahl der Urlaubstage entscheidender als das Gehalt.

---

[3] https://www.presseportal.de/pm/133280/4160084 (Stand: 8.4.2019)

Und: Bereits der Einstieg ins Unternehmen muss passen. Sechs von zehn Befragten der Altersgruppe 18–34 finden Bewerbungsprozesse zu starr und zu wenig individuell gestaltet. Fünf von zehn finden, dass Bewerbungsverfahren zu langsam und zu intransparent ablaufen. In der Folge hat jeder dritte Befragte der Generation Y schon mal einen Bewerbungsprozess abgebrochen, weil er ihm einfach zu umständlich war. Zwei von drei finden, dass man aus dem Bewerbungsverfahren ablesen kann, ob ein Unternehmen modern und gut geführt wird. JobUFO rät, dass ein Bewerbungsprozess maximal 30 Minuten dauern dürfe. Am besten sei ein zeitgemäßes Bewerbungsvideo geeignet, in dem man sich, sein Leben und seine Ambitionen kurz vorstellt. Das sei wesentlich aussagekräftiger als ein endloses formales Anschreiben mit Lebenslauf, das am Ende ohnehin niemand liest und nicht authentisch wirkt.

Thomas Paucker von JobUFO resümiert: „Engagierte Bewerber kann man nur gewinnen, wenn man sich als Unternehmen an den Bedürfnissen des Bewerbers orientiert. Dazu zählen neben guter Organisation des Bewerbungsprozesses auch ein authentischer sowie empathischer Auftritt des Unternehmens. Der Bewerber ist in Zeiten der Vollbeschäftigung kein Bittsteller mehr."[4] Diese Weisheit haben offenbar trotz Fachkräftemangel noch nicht alle Unternehmen verinnerlicht.

Diese Situation zeigt mehr als deutlich, wovon ich schon seit Jahren überzeugt bin. Wir brauchen dringend mehr Loyalität im Arbeitsleben: mehr loyale Führung und Zusammenarbeit. Wir brauchen mehr (unternehmerische) Haltung und sind als Arbeitgeber gefordert, unseren bestehenden und zukünftigen Mitarbeitern Sicherheit und Orientierung zu bieten. Um Vertrauen zu schaffen. Um Loyalität aufzubauen.

---

[4] https://www.presseportal.de/pm/133280/4160084 (Stand: 8.4.2019)

Die Erfahrung zeigt: Mehr Loyalität, insbesondere von Führungskräften als Vorbilder innerhalb eines Unternehmens, führt zu mehr Mitarbeitertreue und damit zu mehr Unternehmensentwicklung und Wachstum.

Gallup Engagement Index
Studie in Deutschland 2001-2018

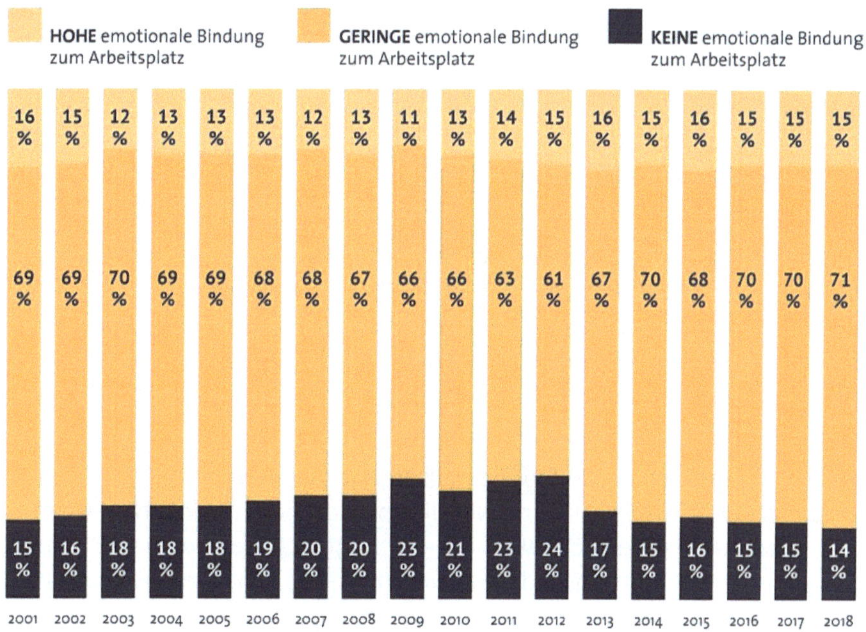

Gallup Engagement Index 2018
Basis: Arbeitnehmer*innen ab 18 Jahre in der Bundesrepublik Deutschland
Stichprobe: 1.000 Arbeitnehmer*innen wurden im Zeitraum Februar/März 2018 befragt
Quelle: Gallup GmbH, Deutschland, www.gallup.de

1.2 Warum schreibe ich dieses Buch?

Möglicherweise wäre ich heute nicht selbstständig, wenn meine früheren Arbeitgeber nicht ihren Teil dazu beigetragen hätten. Über die Jahre habe ich große innere Widerstände gegen eine Position in Anstellung entwickelt. Woran es mir am meisten mangelte, möchte ich im Folgenden zusammenfassen.

Zutrauen und Perspektiven

Nach über 20 Jahren Berufstätigkeit, darunter acht Jahre Selbstständigkeit, weiß ich durchaus, dass ein Unternehmen nur dann erfolgreich sein kann, wenn bestimmten betriebswirtschaftlichen Regeln gefolgt wird. Bekommen Zahlen, Daten und Fakten jedoch so viel Gewichtung, dass Teamstrukturen und einzelne Mitarbeiter vernachlässigt werden, kippt das Ganze und ein Unternehmen manövriert sich ohne äußeres Zutun in den Ruin.

In meinem Leben sah es so aus, dass ich mich immer schnell in neue Themenfelder einarbeiten konnte. Ich kann Zusammenhänge schnell erfassen, strukturieren und Prognosen bzw. Konsequenzen ableiten. In fast allen Firmen wurde das erkannt und mir wurden Projekte und Verantwortung übertragen. Dennoch wurde es mir langweilig, wenn ich zu lange mit den gleichen Sachverhalten zu tun hatte.

Ich behaupte, dass ich diese Eigenschaften mit vielen anderen Menschen teile. Und wer das kennt, wer sich seine Neugier ob der vielen Möglichkeiten erhalten hat, der weiß wahrscheinlich, was daraus folgt. Ich strebte nach neuen Aufgaben, mehr Verantwortung und Freiraum, um neue Dinge zu entwickeln.

Leider war es mir in den bestehenden Strukturen, durch die vorgegebenen Stellenbeschreibungen, nur sehr eingeschränkt möglich, meine Ideen einzubringen und zusammen mit anderen Kompetenzträgern weiterzuentwickeln und die Wertschöpfungskette zu verbessern.

Die Folge war, dass ich binnen weniger Jahre oft meinen Arbeitsplatz und damit einhergehend ebenso oft mein gesamtes Wirkungsfeld, meinen Arbeitgeber, wechselte. Es dauerte etwa ein Jahrzehnt, bis sich bei mir eine gewisse Resignation einstellte, sich mir die Frage aufdrängte, wie ich jemals mein Potenzial – und das Potenzial meines Verantwortungsbereiches – entfalten könnte. Aufgrund meiner Erfahrungen bekam ich den Eindruck, dass ich als Angestellte möglicherweise niemals die Ergebnisse hervorbringen könnte, die mich innerlich antrieben, für die ich mich jenseits von Kriterien wie Geld, Position und Status von ganzem Herzen engagieren wollte.

Mir wurde weniger zugetraut als ich wollte und konnte. Mir wurden Grenzen gesetzt, die ich weder sah noch verstand.

Als Unternehmerin und Arbeitgeberin versuche ich heute, die Unternehmensziele klar, transparent und nachvollziehbar zu kommunizieren. Ich hole aktiv Feedback ein – und weil das als Kleinunternehmen mit nur einem festangestellten Mitarbeiter intern nicht ausreicht, hole ich aktuell fünf Coaches, Berater, Mentoren und Sparringspartner ins Boot, um dieser Schuld mir, meinen intern und extern Mitwirkenden und selbstverständlich meinen Kunden gegenüber gerecht zu werden.

Denn ich habe eines gelernt: Du gewinnst nie allein. Jeder Auftrag, jeder Erfolg und jede Weiterentwicklung war und ist mir nur möglich, weil ich von Menschen unterstützt werde, die es gut mit mir meinen. Die an mich glauben, mir den Rücken stärken, die ich fragen kann und auf deren Meinung ich Wert lege. Ich habe zuhören gelernt und kann auf dieser Vertrauensbasis und mit diesem Rückhalt Entscheidungen treffen,

- die Ideen Wirklichkeit werden lassen,
- die neue Wege finden und gehen,

- die der Kultur des Miteinanders Recht geben,
- die jeden Einzelnen in seinem Zutun bestätigen,
- die auf Zusammenhalt und Mut aufbauen,
- die weit über die Möglichkeiten des einzeln Handelnden hinausgehen,
- die mein Unternehmen wachsen lassen,
- die mich und alle Mitwirkenden wachsen lassen
- und die völlig neue Perspektiven eröffnen.

Werte und der Wert des Mitarbeiters

Durch meine Arbeitgeberwechsel habe ich verschiedene Unternehmenskulturen aus nächster Nähe kennengelernt. Eines hatten sie in meiner Wahrnehmung gemeinsam: Sie haben die Mitarbeiter zu wenig als Menschen gesehen.

Mir ist bewusst, dass niemandem Führungseigenschaften in die Wiege gelegt werden. Als Mutter erlebe ich es jeden Tag, dass man lernen muss, an seinen Aufgaben zu wachsen. Dazu gehört für mich vor allem die Bereitschaft, sich die Situation, die eigene Haltung und seine Gefühlswelt dazu bewusst zu machen und zu hinterfragen. Die gleiche Grundvoraussetzung sehe ich in der Mitarbeiterführung.

An meinem eigenen Beispiel kann ich das mehrfach veranschaulichen.

Als Studentin absolvierte ich ein Praktikum in einer Werbeagentur. Das junge Team wurde von zwei Männern Mitte Dreißig geführt. Einer der beiden schlug mir schon innerhalb der ersten zwei Wochen vor, nach Feierabend mal einen Cocktail zu trinken und die Arbeitsthemen dabei relaxed zu resümieren. Grundsätzlich habe ich zwar nichts gegen eine Besprechung in lockerer Atmosphäre, doch der Cocktail kam mir vom ersten Moment an fehl am Platz vor. Nun befand ich mich zu der Zeit in einer Beziehung und hatte auch sonst privat wenig Kontakt zu meinen Kollegen. Als ich die Einladung meines Chefs das zweite Mal mit der Begründung absagte, ich würde Berufliches von Privatem trennen, erhielt ich nach weniger als vier Wochen einen Aufhebungsvertrag für mein Arbeitsverhältnis.

Ein anderes Beispiel spielte sich wenige Jahre später ab, als ich bereits eine verantwortungsvolle Position in einem Mittelstandsunternehmen innehatte. Mein damaliger Chef und Inhaber der Firma zeigte starke cholerische Züge. Zwischen ihm und mir gab es niemanden, der seine Wortgewalt mir – und anderen Mitarbeitern – gegenüber hätte abfedern können. Dieser Mann hat mich über Jahre hinweg immer wieder unverhältnismäßig beschimpft, mich für meine Ansichten, Vorschläge und Eigeninitiative beleidigt und vor anderen gedemütigt. Zwischendurch, in Erfolgsmomenten, war ich sein Darling, bis sich das Blatt wieder um 180 Grad wendete. Ich hielt es nicht aus. Wie oft bestritt ich meinen Arbeitsweg morgens mit Bauchschmerzen und abends mit Tränen in den Augen. Ich konnte diesen Menschen trotz aller Mühe nicht einschätzen, nicht davon überzeugen, welche Ziele ich mit meiner Vorgehensweise erreichen wollte. Ich konnte mich ihm nicht verständlich machen und am Ende nicht mehr anvertrauen. Ich zog mich innerlich zurück, reduzierte mein Engagement auf ein Mindestmaß und schrieb an den Wochenenden Bewerbungen, in der Hoffnung, dass es irgendwann einen Arbeitsplatz für mich geben würde, an dem ich ernstgenommen und wertschätzend behandelt werden würde. Dort gab es für mich keinen anderen Ausweg mehr als den Ausstieg.

Doch den Oberknaller, meinen persönlichen Tiefpunkt als Arbeitnehmerin, habe ich gute drei Jahre später erlebt. Diese Situation, die mich bis heute zutiefst enttäuscht, verletzt und in meinen Grundfesten von Überzeugungen erschüttert, möchte ich jetzt erzählen.

Ich war noch in der zweiten Zwanzigerhälfte, nicht mehr blauäugig und grün hinter den Ohren (wirtschaftlich gesehen), aber dennoch motiviert, engagiert und formbar. Es war die beste Stelle meines Lebens. Ich war die rechte Hand des Chefs. Dieses Weltunternehmen hätte mir die Möglichkeit eröffnen können, nie mehr Langeweile über immer gleiche Aufgaben zu bekommen. Ich bat und bettelte um neue Projekte, wollte unbedingt dazulernen und suchte Herausforderungen, mit denen ich mich auseinandersetzen konnte. Ich war bereit zu Extraaufgaben und Überstunden. Ich glaubte daran, dass ich mich in diesem Unternehmen würde weiterentwickeln können.

Bis ich krank wurde. Nun ist es in meinem Fall so, dass ich nicht von einem auf den anderen Tag ausfiel. Über einen Zeitraum von etwa fünf Jahren haben sich bei mir damals massive Rückenschmerzen entwickelt. Über meinen Gesundheitszustand habe ich lange Zeit Stillschweigen bewahrt. Ich hatte schon genug schlechte Erfahrungen mit Arbeitgebern gemacht. Außerdem wollte ich weder mir und schon gar nicht jemand Anderem diese Einschränkung eingestehen. Erst als mein Arzt die Reißleine zog und mich aus meinem Phlegma holte, wurde ich aktiv. Ich nahm seinen Rat an, mich in einer Spezialklinik beobachten und untersuchen zu lassen. An diesem Punkt weihte ich meinen Chef final in die Problematik ein und meldete mich für drei Wochen ab. Doch dabei blieb es nicht. Als ich schließlich nach gut zwei Monaten besten Willens wieder im Büro erschien, hatte mein Chef nur wenige Worte für mich übrig: Wenn ich nicht sicherstellen könne, wieder meine volle Leistung zu erbringen und mit weiteren Ausfällen zu rechnen sei, dann könne er meinen Arbeitsplatz nicht für mich freihalten.

Was für ein Schock! Ich halte mich für einen loyalen Menschen. Diese Aussage traf mich völlig unerwartet und wie ein schallender Schlag ins Gesicht. Wie konnte das sein? Wie konnten meine Selbsteinschätzung und die Fremdeinschätzung so weit auseinander liegen? War ich so entbehrlich? So austauschbar, dass ich aufgrund eines Arbeitsausfalls ohne eigenes Verschulden abgestoßen wurde? Zählten die Jahre vorher nicht?

Ich war ernsthaft persönlich betroffen. So sehr sogar, dass ich mir ohne weiteres Zögern einen Anwalt nahm und nicht mehr in das Unternehmen zurückkehrte.

Ich fühlte mich schlecht. Nicht nur wegen meiner Erkrankung, bei der ich das Gefühl hatte, mein Körper richtete sich gegen mich. Ich wollte das schließlich alles gar nicht.

Ich fühlte mich schlecht wegen des Auseinandergehens. Aber ich wusste, wenn ich dem Rauswurf geweiht war (aus welchem Grund auch immer), dann dürfte ich keinen Fuß mehr in das Unternehmen setzen. Zu oft hatte ich gesehen und miterlebt, wie Menschen Fehler untergejubelt worden sind, um sie dann fristlos zu entlassen. Das würde mir nicht passieren.

Ich fühlte mich nicht mehr als Mensch gesehen. Allein der Stress, den mir mein Körper verursachte, raubte mir viel Energie. Doch in diesem Moment der Schwäche keinen Rückhalt zu erfahren, sondern aussortiert zu werden, gab mir über Wochen, über Monate den Rest.

Wertschätzende Haltung, offener Umgang

Ich habe in meinem Berufsleben an vielen interessanten Projekten gearbeitet. Doch öfter als ich es wollte, durfte ich nur „andienen“, recherchieren, Teilschritte ausarbeiten, organisieren. Selten war ich wirklich Teil des Ganzen. Ich habe das schon immer beklagt. Natürlich geht es bei Informationsvorsprüngen immer um Vertrauen, und ja, sicherlich hatte ich auch nicht für alle anderen Teilbereiche solcher umfassenden Projekte die erforderlichen Kompetenzen. Doch ich bin fest davon überzeugt, dass alle Projektpartner davon profitiert hätten, wenn wir uns gemeinsam an einen großen Tisch gesetzt hätten. Denn was mir immer wieder auffällt, sind die Gedankenblitze, die erst im Miteinander, im Austausch entstehen, wenn Ideen, Impulse, Richtungen zusammengetragen werden. Welche zusätzlichen Möglichkeiten hätten entstehen können? Welches Potenzial hätte genutzt werden können? Ohne großen Aufwand.

Nach diesen Erfahrungen war ich der Meinung, es gäbe wohl keine loyalen Arbeitgeber. Es würde besser sein, wenn ich mich selbstständig machte. Und nicht nur das, ich wollte es besser machen. Ich wollte Zusammenarbeit durch Vertrauen, gegenseitige Wertschätzung und Unterstützung prägen.

Doch was bedeutet das im Einzelnen? Was bedeutet es für mich? Wie muss ein Unternehmen aufgebaut sein, damit ich mich wohlfühlen, auf meine Arbeit einlassen kann? Was braucht es für mich, um kreativ sein zu können?

Generell brauche ich den Austausch mit Teamkollegen und Projektpartnern genauso wie einen Rückzugsort, an dem ich mich sortieren und konzentriert arbeiten kann.

Das Wesentlichste vorweg: Um mich mit meinen Eigenschaften und Stärken entfalten zu können, möchte ich mich erst einmal als Mensch wahrgenommen und akzeptiert fühlen. Ich möchte meinen Platz einnehmen können, ohne ständig hinterfragt zu werden. Ich möchte mich einem Arbeitskreis zugehörig fühlen, in dem ich für meine Kompetenzen, aber auch für meine Eigenart und Herangehensweise, geschätzt werde.

In meiner Zeit als Angestellte hatte ich weniger das Problem, dass mein Können nicht anerkannt wurde. Es waren eher strukturelle Hindernisse, denen ich mich oft hilflos ausgesetzt sah. Es gab klare Stellenbeschreibungen für bestimmte Aufgabenbereiche und wirklich nur sehr selten wurde von diesem Papiergerüst abgewichen. Sehr zu meinem Leidwesen, denn wie ich schon schrieb, suchte ich, wenn ich erst mit meinem Aufgabenspektrum vertraut war, neue Herausforderungen.

Was heute vielfach unter dem Begriff „Talent Scout“ verstanden wird, war meiner Arbeitswelt damals noch fremd. Natürlich kannte ich diesen Titel auch noch nicht. Dennoch hatte ich das Gefühl, dass es wertvoller gewesen wäre, wenn meine Vorgesetzten den Blick für meine Interessen und Ziele mehr geöffnet hätten.

Heute freue ich mich, wenn Unternehmer mir entgegentreten und sagen, dass sie mehr auf die einzelnen Personen und Stärken im Team eingehen wollen. Der Trend setzt sich fort, dass Unternehmen ihre Mitarbeiter talentorientierter einsetzen. Und ich denke, dass daran auch kein Weg mehr vorbeiführt.

Die Erwartungshaltung von Arbeitnehmern, da sage ich Ihnen nichts Neues, ist gestiegen. War es noch vor zwanzig Jahren der Schrei von Seiten der Arbeitgeber nach flexibleren Arbeitnehmern hinsichtlich gleitender Arbeitszeiten, neuer Schicht- und Wechselmodelle und später auch nach Job-Sharing, dreht sich das Verhältnis heute um. Diese reziproke Flexibilität wird heute von Arbeitgebern eingefordert. Der Arbeitsmarkt hat sich gedreht.

Noch immer müssen Arbeitnehmer flexibel sein. Doch im Sinne eines gesunden Verhältnisses zwischen Geben und Nehmen können sich Arbeitnehmer heute erlauben, auch gewisse Ansprüche zu stellen.

Für die Unternehmer und Arbeitgeber unter Ihnen möchte ich betonen, dass ich damit keine hanebüchenen Ansprüche meine. Ich kann selbst nur den

Kopf darüber schütteln, wenn Auszubildende und Trainees schon mit Belohnungen überhäuft werden, bevor sie überhaupt eine Leistung erbracht haben. Das kann sicherlich nicht dazu führen, dass wir in Zukunft ein weltmarktlenkendes Wirtschaftsland bleiben.

Doch ich möchte darauf zurückkommen, was ich aus meiner eigenen Geschichte gelernt habe. Ein Arbeitgeber kann nicht die volle Loyalität und Arbeitsleistung von einem Mitarbeiter erwarten, den er nur als Zahnrad zwischen vielen betrieblichen Funktionsbereichen betrachtet. Arbeitnehmer haben in meinen Augen das Recht, als ganze Menschen gesehen zu werden. Und es bleibt nicht aus, dass ein Menschenleben mehr als nur Friede, Freude, Sonnenschein ausmacht. Wie sieht denn Ihr eigenes Leben aus? Fühlt es sich nicht angenehmer an, wenn Sie mit dem, was Sie beschäftigt, offen und ehrlich umgehen dürfen?

1.3 Maskenexistenz oder offene Arbeitsbeziehung

Die Geschichte von meinem Rücken ist eine längere. Ich verwende sie für dieses Buch exemplarisch, um an meinem Beispiel zu verbildlichen, welche Folgen es mittel- und langfristig hat, wenn man nicht ganzheitlich wahrgenommen wird und als ganzer Mensch, mit Offenheit über alle Höhen und Tiefen, leben kann.

Es war ein ständiges Hin und Her: An einigen Tagen konnte ich Tennis spielen, Kunstturnübungen demonstrieren und auf High Heels laufen; an anderen wiederum war es mir kaum möglich, mich aus der Liegeposition aufzurichten.

Natürlich erntete ich aus den verschiedensten Richtungen sarkastische Kommentare und teils böswillige Unterstellungen. Man mied mich oder kündigte mir gar die Freundschaft. Wenn es nicht mehr nachvollziehbar, zu kompliziert wurde, verließ man mich. Als Jungerwachsene folgerte ich daraus, dass es wohl besser wäre, meine körperlichen und gesundheitlichen Querelen für mich zu behalten.

Meine beruflichen Stationen und meine Wohnortwechsel ermöglichten es mir, vielen Menschen gegenüber eine Maskenexistenz aufzubauen, in der ich eben die komplizierten Einzelheiten aussparte. Ich wollte niemanden belästigen. Und vor allem wollte ich die mir wichtig werdenden Menschen nicht jedes Mal wieder verlieren, wenn sie mich näher kennenlernten.

Erst fühlte ich mich damit unaufrichtig und verlogen, doch ich gewöhnte mich daran. Das Makabre war: damit kam ich weiter. Ich führte sogar „sicherere" Beziehungen, indem ich sie vor mir, vor Einzelheiten von mir, schützte.

Ich legte meine Maske auf wie mein Make-up. Sobald ich aus dem Haus ging, hüllte ich mich in eine schützende Distanz. Ich war weiterhin offen, erzählte persönliche Dinge von mir, nur diese tiefgängigen und schmerzintensiven Themen sparte ich aus. Ich fuhr gut damit.

Nach außen war ich die Coole und Starke. Etwas unnahbar auf den ersten Blick, doch immer lösungsorientiert und zukunftsgerichtet. Auf mich konnte man sich verlassen. Ich war da und ich funktionierte. Mit dieser Methode punktete ich und wurde beruflich für meine Zuverlässigkeit, Disziplin und mein Organisationstalent gelobt. Ich war sachlich und fachlich gefragt.

Auch im engsten Kreis machte ich die Erfahrung, dass weniger Information oft mehr war. Selbst bei meiner Familie, meinen Eltern, stellte ich fest, dass sie verlegen, betreten und hilflos reagierten. Oft wussten sie nichts zu sagen, wenn ich über meine Beschwerden klagte. Immer mehr lernte ich, diese Schattenseite an mir geheim zu halten.

Einen intimen Teil seines Lebens geheim zu halten, mag auf den ersten Blick organisierbar wirken, und in Anbetracht vermeidbarer Konflikte nahezu attraktiv. Doch wer eine ähnliche Geschichte hat wie ich, vielleicht auch wer eine Zweitbeziehung oder jedwedes andere Doppelleben führt, weiß, dass dies nicht von Dauer ist.

Innerhalb meiner vier Wände war es mir nie möglich, die nach außen gezeigte Person aufrechtzuerhalten. Hinter verschlossenen Türen, in meiner Ruhe- und Schutzzone, fielen alle Hüllen. Ich war eine nahbare, verletzliche, oft genug zweifelnde junge Frau, die eben nicht immer stark sein konnte und wollte.

Wer mich hier näher kennenlernte, der wusste, wer ich wirklich war und was mich ausmachte. Wer mit mir zusammenlebte, kannte den Spagat, den ich jeden Tag auf mich nahm. Von meinen Partnern, von denen es in den letzten zwanzig Jahren ein paar gegeben hat, verlangte niemand von mir, nach außen die Starke zu mimen. Doch alle spielten dieses Spiel ein Stück weit mit. Dies ist meine vorwurfsfreie Beobachtung.

Insbesondere im beruflichen Kontext geben wir uns nach meiner Beobachtung noch viel zu oft Illusionen hinsichtlich perfekt funktionierender Menschen und Organisationen hin.

So wie ich es früher in Anstellung erlebt habe, waren bei den meisten Firmen vornehmlich diejenigen Menschen als Mitarbeiter gefragt, die möglichst wenig Aufwand für den Arbeitgeber bedeuteten und schnellstmöglich neue, innovative und renditestarke Ergebnisse hervorbrachten. Das Stichwort lautete „Funktionieren" bei geringstmöglichem Hinterfragen. Menschen wie ich, die nicht nur ihre Projekte, sondern auch sich selbst weiterentwickeln wollen, mussten stets aufpassen, nicht zu unbequem und aufmüpfig für den Arbeitgeber zu werden. Und schon gar nicht vorn um Fortbildungen und neue Verantwortungsbereiche zu bitten und hinten dann auch noch krank zu werden. Oder Mutter. Oder beides.

In jüngster Zeit erlebe ich hin und wieder Unternehmen, die sich den Themen Mitarbeiterbindung und Mitarbeitergewinnung auf eine andere Art nähern. Sie haben erkannt, dass eine neue Herangehensweise an Unternehmensführung und Zukunftsfähigkeit automatisch damit einhergeht, die Beziehung zwischen den Menschen im Unternehmen zu revolutionieren.

Um eine gesunde Beziehung zweier miteinander arbeitender Menschen zu gewährleisten, sollte es meines Erachtens doch möglich sein, den ganzen Menschen zeigen zu dürfen. So oft lese ich, dass ein Umdenken eintritt, dass gerade in Scheitererfahrungen großes Potenzial schlummert und dass wir mit vielen Coachings und Trainings daran arbeiten sollen, zu uns selbst zu kommen.

Dieses Selbst kann uns nur helfen, wenn es auch öffentlich sein darf!

2 Der Weg zur loyalen Führung

2.1 Der Arbeitgeber als Lebensbegleiter

Um ein Verständnis für die neue Aufgabe eines Arbeitgebers – Lebensbegleiter zu sein – aufzubauen, schauen wir uns doch einmal an, was wir allgemein von einem Lebensbegleiter (Freund, Partner, Familie) erwarten: eine wohlwollende Haltung, ehrliches Interesse, aufrichtige Anteilnahme und eine sehr hohe Loyalität. Die Ausgangsbasis dafür liegt im beiderseitigen Willen, den Weg gemeinsam zu gehen. In guten wie in schlechten Zeiten. Und für diesen Willen, diese klare, innere Bereitschaft, braucht es eine ordentliche Portion Vertrauen – und gerade am Anfang einen Vertrauensvorschuss.

Der einzige Schlüsselmoment, die einzige Einstellung, aus der heraus jemand von innen bereit ist, diesen Vertrauensvorschuss zu geben, ist die Akzeptanz des Menschen mit allen seinen Eigenschaften. Der Mensch muss in seinem „so Sein“ bejaht werden. Das bedeutet auch, jemanden so nah an seinen eigenen Werten und Ansprüchen wahrzunehmen und einzuschätzen, dass man sich ihm öffnen und anvertrauen kann.

Aus diesem Grund halte ich eine berufliche Teamaufstellung nur dann für sinnvoll, wenn jeder Unternehmer, jeder Projektverantwortliche und jede Führungskraft das engste Team um sich herum mit genau solchen Vertrauensmenschen aufbaut.

In meiner Selbstständigkeit, in der ich das erste Mal völlig ohne äußere Einflüsse in dieser Form handeln konnte, habe ich peu à peu eine überschaubare Zahl an Vertrauenspersonen um mich herum aufgebaut. Hierbei ging es für mich in den ersten Jahren nicht um Angestellte, sondern um Geschäftspartner zur gemeinsamen Entwicklung und Umsetzung von Projekten. Es begann mit einer Grafikerin, später kam ein Programmierer dazu und irgendwann mein erster Mitarbeiter.

Es geht mir nicht darum, alles miteinander zu teilen. In unserer Zusammenarbeit geht es um konkrete Geschäfte, über die wir uns vollumfänglich mit Informationen versorgen und uns vertrauen.

Schon von Anfang an war es mir wichtig, eine Vertretungssituation zu schaffen, also aufgefangen zu werden, falls ich ausfallen sollte. Natürlich machte ich auf dem Weg dahin Fehler bzw. täuschte mich in Personen. Doch der Ansatz hat sich als richtig erwiesen.

Ein Beispiel war die Zeit um die Geburt meiner Tochter. Sie kam als Frühchen zu Welt und wurde danach noch einige Wochen im Krankenhaus versorgt. Somit ging der Plan, noch zwei Monate zu arbeiten, nicht auf und stattdessen musste schnell Hilfe her. In dieser Situation hatte ich beruflich nur die Möglichkeit, den Menschen um Hilfe zu bitten, mit dem ich zuletzt die meisten Projekte zusammen abgewickelt hatte: meine Grafikerin Christine.

Zu unseren Kunden zählte eine große Versicherungsgruppe, für die wir einen umfangreichen Pitch zur Pflegereform vorbereitet hatten. Sie brauchten einen unmittelbaren Ansprechpartner. Obwohl ich, so gut ich konnte, vom Krankenhaus aus weiterarbeitete, war es Christine, die mir vom ersten Tag an unter die Arme griff. Sie erledigte die Korrespondenz, bündelte Informationen und vermittelte zwischen mir und dem Kunden. Sie verlangte nichts von mir außer der weiteren, vertrauensvollen Zusammenarbeit.

Das ist das Vertrauen, das ich meine. Mit Christine arbeite ich bis heute zusammen. Dieses Vertrauen und die Tatsache, dass wir uns gut kennen und einschätzen können, hat unsere Zusammenarbeit ohne jegliche Absprachen immer wieder verlängert. Ähnlich wie in einer Partnerschaft oder Freundschaft, in der sich beide einander gewiss sind. Mal sind es mehr, mal weniger Projekte, doch dieses Band besteht zwischen uns – und wurde von unglücklichen Vorfällen wie diesem nur noch gestärkt.

Mein großer Wunsch ist es, dass Arbeitgeber auch so agieren. Winning Teams bildet man nicht innerhalb von Stunden. Aber mit der Haltung, dass beide Seiten sich benötigen, dass sie zusammen stärker sind als allein, können sich Arbeitsteams entwickeln, die genau so funktionieren.

2.2 Der Wandel der Arbeitswelt

In meiner Arbeit erlebe ich, dass sich Wissensarbeiter und Kompetenzträger ihre Arbeitgeber aussuchen. Auf diesen Trend müssen Unternehmen reagieren.

In dem Spannungsfeld zwischen Digitalisierung, dem demografischen Wandel und den Veränderungen am Markt müssen Unternehmen lernen, schnell und flexibel zu handeln. Ebenso schnell muss die Kommunikation klar und strategisch diesen Pfad mitgehen. Indem sich Unternehmen offen zeigen, ihre Unternehmenskultur dem Wandel anzupassen, entwickeln sie neue, konstruktive Konzepte in Richtung partizipativer Führung, um erst intern, im bestehenden Team, eine größere Mitarbeiterloyalität aufzubauen und folglich auch extern am Markt eine Vorreiterposition einzunehmen.

Als ich mich selbstständig machte, handelten meine Aufträge im Wesentlichen von Kundengewinnung. In den letzten Jahren kommen Unternehmen auf mich zu, weil sie Mitarbeiter suchen und weil sie Fachkräfte und wertvolle Mitarbeiter halten wollen.

Manchmal ist es seltsam, wie einem das Leben in die Hände spielt. Heute, fast zehn Jahre nachdem ich aus den genannten Gründen in die Selbstständigkeit „flüchtete“, ringen die Unternehmen um Mitarbeiter wie mich. Sie sind mittlerweile mehrheitlich dazu bereit, ihre Unternehmenskultur hinsichtlich Mitarbeiterführung zu überdenken und den gefragten Talenten genau die Wertschätzung, Flexibilität und den Freiraum zu bieten, die ich mir damals so sehr wünschte.

Die meisten Menschen haben ähnliche Wünsche, Sehnsüchte und Vorstellungen von ihrem Arbeitsleben wie ich. In wenigen Worten zusammengefasst könnte man diese „jung denkenden“ Arbeitnehmer wie folgt beschreiben: Ungebunden, flüchtig, mit Fokus auf Work-Life-Balance (Arbeiten, um zu leben. Nicht leben, um zu arbeiten.) und sie sind sich bewusst, dass ihnen aufgrund der Arbeitsmarktlage eine stärkere Verhandlungsposition zufällt. Diese Menschen möchten in viel stärkerem Maße überzeugt werden. Folglich müssen Unternehmen ihnen etwas bieten: ein attraktives Umfeld, einen angemessenen Verdienst, Weiterentwicklungsmöglichkeiten, um mit der Schnelllebigkeit mitgehen zu können und geistig nicht zu verkümmern, Gestaltungsfreiräume …

Der Zukunfts- und Trendforscher Sven Gábor Jánszky begründet die Veränderungen in der Arbeitswelt vielschichtig. Nach seiner Einschätzung hat sich die Vorstellung der Menschen von ihrem Leben innerhalb von zwei Generationen dramatisch geändert. Während unsere Großeltern noch klassisch von drei Lebensphasen ausgingen (Jugend, Arbeit, Rente), leben die heutigen Mitarbeiter bereits nach dem Acht-Phasen-Modell. Die 1. Phase – Kindheit und Jugend – geht bis zum Alter von ca. 16 Jahren, darauf folgt die 2. Phase, geprägt von der Gründung des ersten Haushalts. In diese Phase fallen auch die erste Berufsausbildung, das Studium und die erste längere Partnerschaft. Die 3. Phase ist die erste Jobphase, oftmals ungebremst über Firmen, Länder, Kontinente hinweg. Diese Phase dauert über die Hochzeit oder die erste Partnerschaft fürs Leben bis zur Familiengründung. Die 4. Phase ist die Familienphase. Egal wie dynamisch es vorher war, hier geht es um die Entscheidung für den Ort, an dem die Kinder aufwachsen sollen. Sie dauert, bis das jüngste geplante Kind etwa vier bis fünf Jahre alt ist. In der 5. Phase kommt das Nomadentum zurück. In dieser Phase geht es wieder um die Selbstverwirklichung und ums Geldverdienen. In der 6. Phase sind die eigenen Kinder endgültig aus dem Haus. Es erfolgt eine Rückbesinnung auf die Partnerschaft und die Neuausrichtung des Familienlebens. Diese Phase soll beiden Partnern die Selbstverwirklichung ermöglichen. Die 7. Phase findet zumeist zwischen 50 und 60 Jahren statt und überrascht viele mit einem Neuanfang. Menschen, die Geld und Lebenserfahrung gesammelt haben, sich kraftvoll und aktiv fühlen, hinterfragen ihr eigenes Leben und erfinden sich neu. Diese nicht für möglich gehaltene letzte Phase der Selbstverwirklichung beinhaltet oft neue Jobs, neue Wohnorte, neue Partnerschaften – und dauert dann, je nach körperlicher Konstitution – bis zum Alter von 80 Jahren. Erst die 8. Phase, die dann kommt, ist die Phase des Zurücklehnens. Sie unterscheidet sich kaum von früheren Vorstellungen des Lebensabends.[5]

Je nach ihren persönlichen Werten und der Gewichtung von Familie und Beruf entstehen so Lebensmodelle der frühen und späten Familien. Heutige Arbeitnehmer unterscheiden sich hauptsächlich in der persönlichen Affinität zu den grundlegenden Triebfedern der Menschen: Anerkennung und Zugehörigkeit. Dabei übernimmt die Arbeit mehr und mehr die Funktion der Selbstverwirklichung. Arbeitgeber sind dementsprechend gezwungen, ihre Strategien und ihre Personalarbeit an ganz individuellen Lebenswegen, vielfältigen Wechseln durch Ausstiege und Einstiege, zwischenzeitlichen Bindungen, vor-

---

[5] Jánszky, Sven Gábor: Das Recruiting-Dilemma, Haufe, Freiburg 2014, S. 22–24

übergehender Sesshaftigkeit und neu aufflammender Dynamik auszurichten. Die Wechselbereitschaft steigt und projektbezogene Arbeitsfelder nehmen zu.

> Aus der Bindung des Mitarbeiters wächst die Aufgabe, den Menschen zu binden.

Die demografische Entwicklung führt schon jetzt zu einem erheblichen Mangel an Mitarbeitern auf allen Qualifikationsebenen. Durch die veränderte Situation am Arbeitsmarkt verschwindet eine Urangst der vergangenen Generationen aus dem Bewusstsein der Menschen: die Angst vor Arbeitslosigkeit. Mit der neuen Sicherheit macht sich auch ein neues Selbstbewusstsein breit.

Stellenprofile sterben aus, weil keine Kandidaten mehr nachfragen; der Arbeitsmarkt scheint leergefegt. Für Personalabteilungen gibt es zwei Alternativen: Spezialisten abzuwerben oder, was günstiger ist, Kandidaten zu verpflichten, die auf dem Arbeitsmarkt vorhanden sind, aber nicht alle benötigten Qualifikationen mitbringen.

Jobs müssen auf die Kompetenzen der neuen Mitarbeiter zugeschnitten werden – nicht mehr umgekehrt – oder der Einarbeitungsaufwand wird höher. In der veränderten Recruiting-Strategie gehen wesentliche Aufgaben auf Unternehmer und Führungskräfte über: Von ihrem Netzwerk und ihrer Kommunikationsfähigkeit hängt es ab, ob das Unternehmen für qualifizierte und motivierte Menschen attraktiv ist. Diese treffen ihre Entscheidungen für oder gegen Unternehmen nach neuen Kriterien. Die Top 3 sind: die persönliche Herausforderung, gesellschaftlicher Sinn und ein exzellentes Team.

Arbeitnehmer sitzen im Bewerbermarathon in zunehmend mehr Branchen am längeren Hebel. Sie haben die Wahl, insbesondere wenn sie zu den besseren Bewerbern zählen. Damit diktieren sie den Arbeitgebern direkt oder indirekt ihre Bedingungen.

Um nicht zum Spielball in einer immer weiter steigenden Lohnspirale zu werden, müssen Unternehmen den Fokus verschieben. Zum einen müssen sie dem Mitarbeiter persönliche Herausforderungen und individuelle Weiterentwicklung bieten – und ihre Zusagen halten. Zum anderen geht es darum, die Bindung zwischen den Menschen innerhalb der „Arbeitsfamilie“ zu verstärken. Für diese Bindung braucht es Vertrauen und Loyalität.

Auch in einem weiteren Aspekt spielt die Loyalität eine wichtige Rolle: Durch die Nonstop-Weiterentwicklungswünsche ihrer Arbeitnehmer kommen einige kleinere Unternehmen schnell an die Grenzen ihrer Möglichkeiten. Dieser Faktor macht es unumgänglich, dass Unternehmen dichter zusammenrücken, um wertvolle Mitarbeiter zu binden. Indem sie sich zu einem Kompetenznetzwerk mit anderen Unternehmen bündeln, können sie Mitarbeiter projektbezogen teilen – und nur auf diese Weise halten. Der Mitarbeiter erhält so die Möglichkeit, sich abwechslungsreich einzubringen und weiterzuentwickeln – und die Unternehmen erhalten sich die wertvolle Manpower und das „Kopfwissen“ der Mitarbeiter.

Dr. Stefan Hartmann beschäftigt im eigenen Unternehmen über 70 Mitarbeiterinnen. Er sieht auch den Schlüsselfaktor Vertrauen und das Verhältnis von Mensch zu Mensch. Wann immer er Mitarbeiter- oder Bewerbergespräche führt, gehören in seinen Fragenkatalog nicht nur das Abklären der fachlichen und persönlichen Qualifikation und Motivation. Er interessiert sich insbesondere für Faktoren wie Wiedereinstieg oder Weiterentwicklung, wie es um die privaten Verhältnisse steht und auch, wie der vorhandene Partner zum beruflichen Engagement eingestellt ist. Erst so sieht er sich in der Lage, die Mitarbeiterin besser einzuschätzen und damit auch die Perspektiven für den beruflichen Einsatz. Es geht ihm nicht etwa darum, mögliche Ausscheidungszeiten zu prüfen, sondern um das Gefühl für ihre Lebenssituation. Ihm ist es persönlich und betrieblich ein Anliegen, die Vereinbarkeit von Familie und Beruf, von Privatem und Beruflichem zu unterstützen – und das setzt Vertrauen und gegenseitige Offenheit voraus.

Kommt es vor, dass ein Lebenspartner der beruflichen Entwicklung einer Mitarbeiterin kritisch gegenübersteht, versetzt er sich in die Lage um die Konflikthaftigkeit der Lebenssituation und spricht Angebote aus, gemeinsam an Lösungen zu arbeiten. Denn ist das Leben in der Familie belastet, geht das bekanntermaßen zu Lasten der Leistungsfähigkeit und Motivation. Für dieses Geben und Nehmen hat der Firmenchef eine Bandbreite an flexiblen Möglichkeiten geschaffen, um die Einsatzbereitschaft und die Mitarbeiterbindung zu stärken.

Starke, tragfähige Beziehungen sind wichtig – sowohl beruflich als auch privat. Mit dem Fokus auf gegenseitige Fürsorge leitet Hartmann das Unternehmen erfolgreich. Natürlich auch für Frauen ohne Lebenspartner, die die Herausforderungen des Alltags mit Kindern allein stemmen. Gerade sie brauchen ein unterstützendes Umfeld, weiß er. Die Zahl der rund 2,3 Millionen Alleinerziehenden in Deutschland[6] spricht für sich.

2.3 Welche Bedeutung hat Loyalität heute?

Loyalität zählt zu den edelsten Werten, auf die wir in der Zusammenarbeit und für den Erfolg eines Unternehmens zwingend angewiesen sind. Damit meine ich insbesondere die Loyalität von Arbeitnehmern. Während viele Be-

---

6 https://de.statista.com/statistik/daten/studie/318160/umfrage/alleinerziehende-in-deutschland-nach-geschlecht (Stand: 8.4.2019)

strebungen von Unternehmen, die auf Mitarbeiterbindung ausgerichtet sind, etwas Erzwungenes vermuten lassen, ist das Loyalitätsgefühl ein ungeschriebener Vertrag, der auf ethischen Werten basiert. Wird dieser gebrochen, spricht man gemeinhin von der „inneren Kündigung“.

Unter Mitarbeiterloyalität verstehen wir eine starke innere Haltung, mit der Mitarbeiter ihrem Arbeitgeber gegenüber nicht nur physisch, sondern auch im Herzen verbunden sind. Sie sind engagierter und produktiver und sorgen sich um das Wohl der Firma und des Teams. In starker Ausprägung machen sie die Interessen des Unternehmens zu ihren eigenen und identifizieren sich so intensiv mit ihrem Unternehmen, dass sie viel und gern darüber sprechen (im Sinne von Empfehlungen für Kunden und Bewerber).

Diese Art von Loyalität kann nur durch Vertrauen und Anziehungskraft entstehen und nicht eingefordert werden. Sie zeigt sich durch Verlässlichkeit, Fairness, Leistungsbereitschaft und Aufrichtigkeit.

Da diese Loyalität von Mitarbeitern nicht erkauft werden kann, führt der einzige Weg, sie zu erlangen, über eine nachhaltige Vertrauenskultur und wertschätzenden Umgang.

Diese Ebene der Begegnung beginnt schon mit der Ansprache und Auswahl der richtigen Menschen. Da die wertvollsten Bewerber über Mitarbeiterempfehlungen kommen, lohnt sich der Blick nach innen: Wer sind Ihre loyalsten Mitarbeiter? Wie sind Sie an sie gekommen? Was zeichnet sie aus? Lassen sich Muster erkennen?

Wenn Sie die Chance haben, einige erkennbare Muster von Loyalitätsinhabern zu reproduzieren, können Sie Profile erstellen und Prozesse strukturieren, um zukünftig gezielt nach loyalen, engagierten Mitarbeitern zu suchen. Dabei lernt man zwangsweise auch, welche Kandidaten überhaupt nicht ins

Profil passen und demnach nicht näher in Betracht gezogen werden müssen. Machen Sie Ihre Loyalisierungsbemühungen zu Programmen, aus denen sich mittelfristig Kennzahlen ableiten lassen.

Achtung! Loyalität lässt sich nicht bei allen Menschen und Charakteren entwickeln. Je nach Menschentyp unterscheidet sich auch die Art und Weise, wie ein loyales Verbundenheitsgefühl entstehen kann, wie man es „antriggern" kann.

In einer Umfrage zu den Wechselgründen hat Anne M. Schüller herausgefunden, dass Spitzenkräfte an erster Stelle das Betriebsklima, die Arbeitszufriedenheit und das Führungsverhalten des direkten Vorgesetzten angaben. Auf der Ebene der Mitarbeiter waren vorneweg mangelnde Wertschätzung und fehlende Anerkennung der Grund zum Jobwechsel. Wieder ein Indiz dafür, dass heute und in Zukunft alles von der Loyalität unserer Mitarbeiter abhängt.

Nur 15 Prozent der Mitarbeiter sind wirklich begeistert

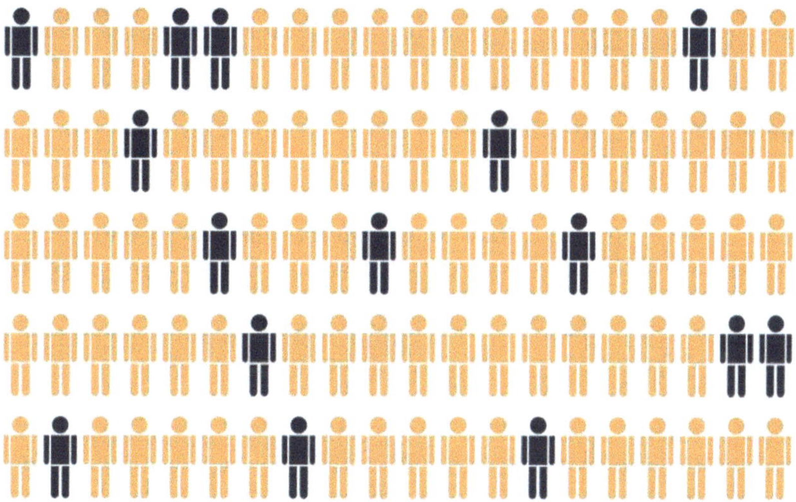

Gallup Engagement Index 2018
Basis: Arbeitnehmer*innen ab 18 Jahre in der Bundesrepublik Deutschland
Stichprobe: 1.000 Arbeitnehmer*innen wurden im Zeitraum Februar/März 2018 befragt
Quelle: Gallup GmbH, Deutschland, www.gallup.de

2.4 Loyale Führung - gibt es die?

Bedingungslose Loyalität gibt es nicht. Stellen wir uns eine Führungskraft vor, die harmonisch mit ihrem Team zusammenarbeitet, aber mit einem Mitarbeiter im Alltag immer mal wieder in Konflikt gerät. Es kann Streit über Situationen und Ansichten geben. Dennoch sind sich beide darüber einig, dass sie zwar loyal zueinander eingestellt sind und im Team zusammenarbeiten, dafür aber nicht ihre ureigenen Charakterzüge, Überzeugungen und Verhaltensweisen aufgeben müssen.

Ganz besonders verhält es sich deshalb mit der Loyalität von Führungskräften gegenüber dem Unternehmen und den Mitarbeitern. Kritikpunkte müssen angesprochen werden, auch wenn es schmerzt. Wichtig ist hierbei, ein konkretes Fehlverhalten von der betroffenen Person getrennt zu betrachten, um gut zu führen. Und natürlich auch andersherum. Wird die Führungskraft kritisiert, liegt es an ihr, das eigene Verhalten zu überprüfen, möglichst ohne die Sache persönlich zu nehmen. Von gelebter Loyalität sprechen wir, wenn konstruktiv kritisiert, wenn ergebnisoffen diskutiert und gestritten werden darf, ohne das große Ganze in Frage zu stellen. Das bedeutet gleichzeitig ein Höchstmaß an Wertschätzung.

Im Arbeitsleben bedeutet Loyalität, die eigenen Überzeugungen oder Interessen hinter die des Unternehmens zu stellen, in dem man arbeitet. Allein diese Tatsache stellt in bestimmten Situationen einen Konflikt dar. Einen solchen Interessenkonflikt jedoch wegzudiskutieren oder auszublenden, wäre unehrlich. Deshalb kann Loyalität nur funktionieren, wenn eines besteht: Vertrauen.

Leider ist es naturgemäß selten der Fall, dass die Identifikation gegenüber dem Unternehmen zu 100 % ausgeprägt ist. Denn loyales Verhalten unterliegt bestimmten Kompromissen, die gerade für Führungskräfte oft eine Gratwanderung bedeuten.

Bevor wir uns damit befassen, schauen wir uns unterschiedliche Ausprägungen der Loyalität an.

Loyalität gegenüber dem Unternehmen

Für Unternehmen ist diese Form der Loyalität von herausragender Bedeutung. Denn sie bedeutet, dass die Mitarbeiter im Unternehmen bleiben, und zwar selbst dann, wenn sie sich nicht mit allen Aspekten des Firmenleitbildes identifizieren können. Sogar wenn die persönlichen Wertvorstellungen und/oder die persönlichen Interessen denen des Unternehmens entgegenstehen, setzt sich die Loyalität in der Praxis durch.

Loyalität gegenüber der Führungskraft

Führungskräfte, die die Abwesenheit von Loyalität schon einmal erlebt haben, wissen sofort, was gemeint ist. Es geht um die Unterstützung der eigenen Arbeit durch die Mitarbeiter, um deren Anerkennung und Wertschätzung. Ist auch nur ein Teammitglied nicht loyal, befindet sich das ganze Konstrukt in Gefahr.

Loyalität gegenüber dem Team

Ob Abteilungen, Fortbildungen oder Brainstormings: Loyalität gegenüber einem Team bedeutet, sich den Zielen der Gruppe unterzuordnen und dabei die eigene individuelle Leistung ohne Anspruch auf Gegenleistung einzubringen. Die Motivation für den persönlichen Einsatz kommt aus der inneren Überzeugung zustande.

Loyalität gegenüber den Mitarbeitern

Auch die Führungskraft muss Loyalität gegenüber dem Unternehmen und dem Team mitbringen. Fehlt ihr eine der oben erläuterten Ausprägungen von Loyalität, brauchen wir uns über Loyalität gegenüber den Mitarbeitern gar nicht erst zu unterhalten. Für eine effektive Zusammenarbeit ist diese praktisch die Voraussetzung.

Damit sind wir bei der Frage, wie das Zusammenspiel von Führungskraft und Mitarbeitern am besten funktioniert.

Auf die Loyalität einer Führungskraft gegenüber den Mitarbeitern kommt es besonders dann an, wenn die Harmonie nicht (mehr) stimmt. Sie zeigt sich durch die Art und Weise, wie die Führungskraft mit ihren Mitarbeitern umgeht, wenn diese Fehler machen oder die geforderte Leistung nicht erbringen. Es ist eine Frage der Zeit, bis Führungskräfte mit solchen Situationen konfrontiert werden.

Jetzt liegt es an der Führungskraft, das kritikwürdige Verhalten zu benennen und zu analysieren und gleichzeitig dem Mitarbeiter wertschätzend glaubhaft zu machen, dass zwar sein Verhalten im konkreten Fall unerwünscht ist, der Mitarbeiter auf dem Weg zur Korrektur aber gestützt und unterstützt wird.

Eine Onlineumfrage des Karriereportals Monster[7] hat vor einigen Jahren auf Nachfrage bei knapp 25.000 europäischen Arbeitnehmern auf die Frage „Wem gegenüber sind Sie bei der Arbeit am loyalsten?“ folgende Antworten ergeben:

33 % mir selbst
32 % meinem Team

---

7 http://info.monster.de/Monster-globale-Umfrage-Jobsicherheit/article.aspx (Stand: 8.4.2019)

19 % meinem Unternehmen
10 % meinem Chef
6 % niemandem

Es gibt noch eine sechste Kategorie, die Loyalität zu den eigenen Netzwerken. Dieser wurde zum Zeitpunkt der Umfrage noch keine Beachtung geschenkt und ist daher nicht berücksichtigt.

Bei den vorliegenden Zahlen ließen vor allem die deutschen Arbeitnehmer einen auffallenden Mangel an Loyalität gegenüber ihren Vorgesetzten durchblicken. Mit 7 % kamen sie auf den niedrigsten Wert in Europa. Sicherlich liegt das an der vorherrschenden schnellen Führungskräfteentwicklung und den entsprechend fixen Positionswechseln auf der einen Seite sowie, auf der anderen Seite, an den zunehmenden Veränderungsprozessen, die Unternehmen aufgrund der unaufhörlichen Strukturveränderungen durchlaufen müssen. Aber eben auch an der unzureichenden Führungskompetenz.

Ihre Vorteile einer hohen Mitarbeiterloyalität:

- Es besteht eine stabile Vertrauenskultur.
- Die Leistungsbereitschaft und die Produktivität steigen.
- Der Lernwille und die Bereitschaft zu Qualifizierungsmaßnahmen wachsen.
- Es wird freiwillig mehr Verantwortung übernommen.
- Eine achtsame Fehlerkultur erlaubt mehr Experimentierfreude.
- Verbesserungsvorschläge und Mut zu Ideen beflügeln das Innovationsmanagement.
- Die Arbeitgebermarke wird positiv geprägt und Mitarbeiterempfehlungsprogramme zeigen Wirkung.

Jeder siebte Mitarbeiter hat innerlich gekündigt

Gallup Engagement Index 2018
Basis: Arbeitnehmer*innen ab 18 Jahre in der Bundesrepublik Deutschland
Stichprobe: 1.000 Arbeitnehmer*innen wurden im Zeitraum Februar/März 2018 befragt
Quelle: Gallup GmbH, Deutschland, www.gallup.de

2.5 Ihr unumgänglicher Grund für den internen Loyalitätsausbau

Noch nie war es so leicht wie heute, sich am besten Angebot auf dem Arbeitsmarkt zu orientieren. Das Internet gibt alle Informationen in Sekundenschnelle preis. Qualifizierte Leistungsträger werden aktiv umworben. Sie sind in der Position, auf das nächstbeste Angebot in ihrer Schublade zuzugreifen, sobald ihnen etwas nicht passt. Den Luxus, immer einen passenden Kandidaten in der Warteschleife zu haben und bei akutem Bedarf einzukaufen, können sich die meisten Unternehmen nicht mehr leisten.

Loyale Mitarbeiter hingegen werden nicht so schnell untreu und abtrünnig. Sie sind eher bereit, die vom Markt geforderten Veränderungsprozesse mitzutragen. Doch auch ohne Change macht sich Loyalität bemerkbar: In Projektteams, die überwiegend virtuell zusammenarbeiten, braucht es von vornherein einen Vertrauensvorschuss und eine loyalitätsbasierte Teamkultur. Und in Netzwerkstrukturen, die fortschreitend die früheren Pyramidenstrukturen aufheben, bedarf es darüber hinaus Persönlichkeiten im Unternehmen, die Loyalitätsintegrität in sich tragen und missionarisch an Kollegen und Mitarbeiter weitergeben.

Was Sie in einem Unternehmen mit loyaler Führung und Zusammenarbeit antreffen

Wertschätzung | Anerkennung | Respekt | Freundlichkeit | gute Laune | Spaß | Humor | ehrliches Lob | Problemlösungen | Information | Kommunikation | Ehrlichkeit | Offenheit | Klarheit | Vertrauen | Teamwork | Nähe | positive Herausforderungen | Sinn | Flow | Ziele, die man sich selber setzt | berechenbare Chefs, die man schätzt | inspirierende Arbeitsbedingungen | Werte, die man teilt | Zeit, die wie im Flug vergeht | ausgeglichene, lachende Menschen

Sie wollen es genauer wissen?

Der Net Promoter® Score, entwickelt von dem Loyalitätsexperten Fred Reichheld[8], basiert auf der Bereitschaft, mit der Mitarbeiter eines Unternehmens ihren Arbeitgeber gegenüber Bekannten oder Familienmitgliedern empfehlen bzw. wohlwollend erwähnen.

Diese Bereitschaft wird auf einer Skala von 0 bis 10 gemessen. Mitarbeiter mit einer Empfehlungswahrscheinlichkeit von 9 oder 10 gelten als Promoter, solche mit einer von 0 bis 6 als Skeptiker.

Skala des Net Promoter® Score nach Fred Reichheld

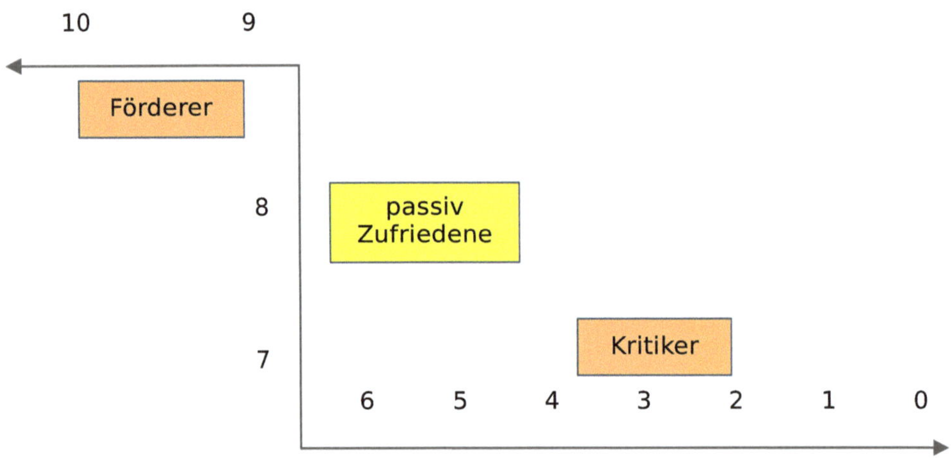

[8] Grafik in Anlehnung an Schüller, Anne M./Fuchs, Gerhard: Total Loyalty Marketing, Gabler, Wiesbaden 2006, S. 323. Informationen dazu auch in Reichheld, Fred: The Loyalty Effect, Harvard Business School Press, Boston 2001

Fragen zur Ausprägung des Loyalitätsindex:

Inwiefern würden Sie sich heute wieder für unser Unternehmen entscheiden? Und was sind die Hauptgründe für Ihre Bewertung?

Fragen zur Ausprägung der Empfehlungsbereitschaft:

Wie sehr würden Sie unser Unternehmen an einen interessierten Arbeitsuchenden (aus Ihrem persönlichen Umfeld) weiterempfehlen? Und was sind die Hauptgründe für Ihre Bewertung?

Fred Reichheld sagt übrigens: Man kann keine Loyalität bei den Kunden erzeugen, ohne zuvor die Loyalität der Mitarbeiter zu gewinnen. Beides hängt eng zusammen. Ziel muss es also zunächst sein, mehr Mitarbeiter in Fürsprecher zu verwandeln und Kritiker zu reduzieren.

Wie stehen Sie zur Loyalität? Ist sie in Ihrem Unternehmen ein Thema? Und wie gehen Ihre Mitarbeiter damit um? Verhalten sich Ihre Vorgesetzten dem Team gegenüber loyal? Ich interessiere mich für Ihre Einschätzungen und praktischen Erfahrungen und würde mich über Ihre Rückmeldung sehr freuen.

2.6 Rettet die Unternehmenskultur

Wie viel Einfluss die Art der Führung auf die Stimmung und Atmosphäre im Unternehmen nimmt, wird sehr häufig unterschätzt. Obwohl wir alle wissen, dass eine gute Unternehmenskultur und ein positives Arbeitsumfeld wichtig sind, wird meines Erachtens zu wenig auf den Führungsstil zurückgeführt.

Der viel beachtete Unternehmer Bodo Janssen zeigt wirkungsvoll, dass die

Stress- oder Burnout-Gefühl nach dem Grad der emotionalen Bindung

Fragestellung:
Hatten Sie in den letzten 30 Tagen das Gefühl, aufgrund von Arbeitsstress innerlich ausgebrannt zu sein?

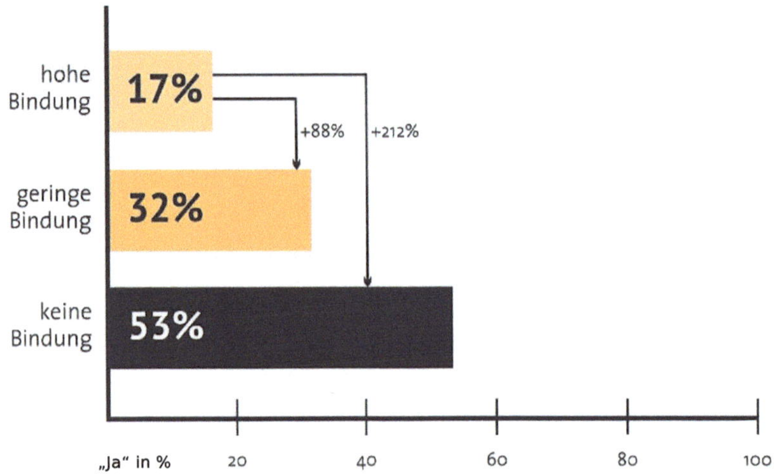

Gallup Engagement Index 2016
Basis: Arbeitnehmer*innen ab 18 Jahre in der Bundesrepublik Deutschland
Stichprobe: 1.413 Arbeitnehmer*innen wurden im Zeitraum Februar/März und Oktober/Dezember 2016 befragt
Quelle: Gallup GmbH, Deutschland, www.gallup.de

gelebte Kultur zwischen Mitarbeitern und Verantwortungsträgern maßgeblich dazu beiträgt, ein Unternehmen voranzubringen. Das Beispiel zeigt auch eindeutig, dass es Chefsache ist, eine gesunde Unternehmenskultur zu schaffen und zu erhalten. Denn klar wird hier auch, dass sie nicht von allein kommt und dass sie nicht bleibt, wenn nicht kontinuierlich an ihr gearbeitet wird. Die Unternehmenskultur ist das Ergebnis geschäftlicher Beziehungsarbeit.

> „Der Wettbewerb der Zukunft wird auf dem Marktplatz der Unternehmenskulturen geführt.“ Anne M. Schüller

Der US-amerikanische Autor und Berater Peter Economy hat die größten Gefahren zusammengefasst, die sich unmittelbar auf die Unternehmenskultur auswirken. Diese fünf Hinweise möchte ich Ihnen weitergeben:

1. Achtsamkeit bei der Zusammenstellung von Teams

Wer eine nachhaltige Unternehmenskultur aufbauen will, muss schon bei der Zusammensetzung seines Teams damit beginnen. Die Werte der Mitarbeiter sollten unbedingt mit den Unternehmenswerten übereinstimen. Sie müssen von Anfang an einbezogen werden. Überzeugungen lassen sich nicht antrainieren. Deshalb gilt für diejenigen, die die Werte des Unternehmens nicht mittragen, leider Abschied nehmen.

2. Gleiche Werte, unterschiedliche Charaktere

Trotz aller Bestrebungen, Menschen mit ähnlichen Werten und Zielen zu finden, darf ein Team nicht zu gleichartig, nicht zu homogen sein. Neben gleichen Werten sollten deshalb verschiedene Charakterzüge im Team aufeinandertreffen, um die nötige Reibung für Kreativität zu erzeugen. Diversität ist für die Unternehmenskultur in jeder Hinsicht ein wichtiges Thema, das vorangetrieben und gestärkt werden sollte.

3. Werte-Leitbild vor Wachstum

Die Unternehmenskultur muss sorgfältig gepflegt werden, besonders in Wachstumsphasen. Unternehmen, die expandieren wollen, sollten vorher Werte und Verhaltensweisen in einem Leitbild definieren, um zu vermeiden, dass das wachsende Team auseinanderdriftet. Gerade jetzt ist es wertvoll, alle Mitarbeiter darauf „einzuschwören“ und in Teambuilding-Maßnahmen zu investieren.

4. Offene, transparente Kommunikation

Zum Erhalt der Unternehmenskultur muss ein offener Kommunikationsfluss im Team oberste Priorität haben. Gerade für die Führung sollte der Arbeitsschwerpunkt weniger im operativen Geschäft als in der Kommunikation liegen: Dinge vorantreiben, die richtigen Menschen miteinander vernetzen und Pläne sowie Strategien klar artikulieren. Scheitert eine Chefin daran, führt das zu Unsicherheit und Misstrauen.

5. Feedback-Kultur anstatt Erwartungsdruck

Zu hohe Erwartungen bedrohen die Unternehmenskultur. Werden Erwartungen innerhalb der Führungsriege auch noch unterschiedlich gewichtet oder bewertet, löst das Frustration aus. Auf wen soll der Mitarbeiter dann reagieren? Wie soll er es wem recht machen? Besser sind eine klare Aufgabenverteilung und eine Feedback-Kultur, in der sich Mitarbeiter regelmäßig mit Fragen und Anpassungsvorschlägen für das bestehende Aufgabenfeld an ihre Führungskraft wenden können.

2.7 In fünf Schritten zu Leitwerten

Um Werte in einem Unternehmen zu etablieren, sollte man sich auf die Strategie konzentrieren. Ich habe einen Fahrplan entwickelt, mit dem sich die passenden Werte finden und so implementieren lassen, dass die verbundenen Gefühle mit klaren Handlungsaufforderungen aufgefangen werden.

1. Schritt: Welcher Nutzen treibt an?

Jeder Kulturwandel benötigt Willenskraft, um die Auswirkungen auf die Rentabilität (schneller, einfacher, besser) abzubilden und zu erreichen. Soll die Kundenwahrnehmung und Attraktivität des Unternehmens verstärkt oder soll die Innovationskraft ausgeprägt werden? Erst wenn der Nutzen den Aufwand übertrifft, entsteht der Wille, die Maßnahme umzusetzen.

2. Schritt: Prozessabläufe klären

Die entstehenden Aufgaben müssen sinnvoll und effizient in die Arbeitsstruktur eingebunden werden: Wer übernimmt was im Prozess? Erfahrungsgemäß bewährt sich ein sechs- bis zehnköpfiges Projektteam, das sich aus Vertretern aus dem Management und verschiedener Fachbereiche zusammensetzt. Dazu kommen Repräsentanten für die Wertschöpfungskette. Später werden kleinere Arbeitsgruppen nachgeschaltet, die schlagkräftig die Prozessschritte durchführen.

3. Schritt: Schlüsselwerte

Das Projektteam identifiziert jene Schlüsselwerte, die für die gewünschten Effekte und den unternehmerischen Nutzen maximale Hebelkraft besitzen. In der Regel bewähren sich fünf bis acht Kernwerte.

4. Schritt: Werteklärung

In den Sitzungen der Arbeitsgruppen wird definiert, was ein Schlüsselwert exakt bedeutet. Dabei ist es wichtig, sie auf konkrete Rollen oder Unternehmensbereiche runterzubrechen, am besten anhand von Beispielsituationen aus dem Geschäftsalltag, an denen erwünschte oder abzustellende Verhalten aufgezeigt werden. Die Ergebnisse werden in „Wertestatuten“ dokumentiert.

5. Schritt: Festigen und Kollektivieren

Das Projektteam entscheidet über die Liveschaltung der Wertestatuten. Einzelne Manager übernehmen Patenschaften zur Kontrolle des Fortschritts. In jeder weiteren Teamsitzung werden Status und Entwicklung reflektiert und weitere Maßnahmen zur Festigung und Kollektivierung der Wertestatuten beschlossen.

Gerade in der Übergangsphase ist der Paradigmenwechsel oft schwer zu greifen. Um unerwünschte Nebenwirkungen zu vermeiden, ist es ratsam, das traditionelle System eine Weile parallel zu fahren, bis in allen Ebenen Vertrauen ins neue Wertesystem aufgebaut ist.

In den HR laufen alle Fäden der Werteetablierung zusammen. Das Personalmanagement hat in diesem Prozess die Chance, seine Führungskompetenz, Wirkung und Menschenkenntnis quer durchs Unternehmen weiterzuentwickeln.

Fehlzeit aufgrund von Krankheit oder Unwohlsein*
nach dem Grad der emotionalen Bindung

Fragestellung:
Ungefähr wie viele Tage haben Sie im vergangenen Jahr bei Ihrer Arbeit gefehlt, weil Sie sich krank oder nicht gut fühlten?

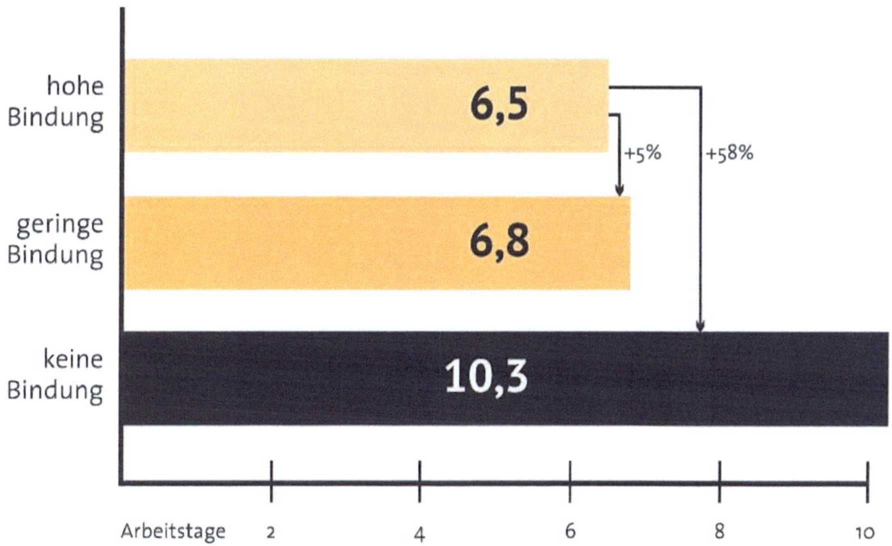

Durchschnitt 2016: 7,3 Tage
*Ohne Berücksichtigung von Langzeitkranken (90 oder mehr Krankheitstage pro jahr)
Gallup Engagement Index 2016
Basis: Arbeitnehmer*innen ab 18 Jahre in der Bundesrepublik Deutschland
Stichprobe: 1.413 Arbeitnehmer*innen wurden im Zeitraum Februar/März und Oktober/Dezember 2016 befragt
Quelle: Gallup GmbH, Deutschland, www.gallup.de

2.8 Konsequenzen für die Unternehmenskommunikation

Um dem Personalkannibalismus und den Abwerbetechniken der stärkeren Konkurrenz zu entgehen, passen Unternehmen ihr Leitbild, ihre Vision und ihre Unternehmenskultur an die neuen Herausforderungen an, die heutige Arbeitnehmer und die Arbeitsmarktsituation mit sich bringen. Doch die Gefahr, die in dieser Umstrukturierung lauert, ist der Verlust des Unternehmenszwecks. Die Aufgabe, der Tradition in diesem Veränderungsprozess treu zu bleiben, fordert kontinuierliche Kommunikation, die strategisch eng an den Unternehmenszielen ausgerichtet werden muss.

Um diesem Wagnis Herr zu werden, entscheiden sich viele Unternehmen für Storytelling, das planvoll während der gesamten Entwicklung der neuen Unternehmensidentität über verschiedene Kanäle betrieben wird.

> Storytelling entlang der Werte und Vision eines Unternehmens funktioniert nur, wenn diese im Unternehmen gelebt und kommuniziert werden.

Kommunikation im Kulturwandel

Kulturwandel im Unternehmen ist heute kein Ausweg mehr, sondern gängige Praxis. Schauen wir uns die komplexen Veränderungen an, die die Digitalisierung, die globale Zusammenarbeit und das dazugehörige Mindset mit sich bringen, so bleibt eine Anpassung der internen Strukturen nicht aus, um wirtschaftlich zukunftsfähig zu sein.

Die Unternehmenskommunikation muss sich auf diese veränderten Rahmenbedingungen einstellen, um durch Mitarbeiterzufriedenheit die Produktivität und den Unternehmenserfolg langfristig zu sichern. Dies gelingt, indem das untrennbare Dreiergespann aus Unternehmensleitung, Personalverantwortlichen und Kommunikationsmanagern kooperiert.

Vor dem Startschuss sollte ein Kommunikationskonzept entwickelt werden, welches einige zentrale Fragen klärt:

- Wofür stehen Sie als Unternehmen?
- In welche Richtung gehen Sie für die Zukunft?
- Wie ist es, bei Ihnen zu arbeiten?
- Wie soll Ihre Kooperationskultur aussehen?
- Welche Menschen werden in Ihrem Unternehmen glücklich arbeiten können?
- Was macht Ihr Unternehmen als Arbeitgeber interessant?
- Was motiviert Ihre Mitarbeiter?
- Wie beschreiben Ihre eigenen Mitarbeiter Ihr Unternehmen?
- Welche Erwartungen stellt Ihr Unternehmen an das Team?
- Welche Hoffnungen und Ängste hegen Ihre Mitarbeiter?
- Welche Schlüsselpersonen in Ihrem Unternehmen sind charismatische Testimonials?
- Welche Zielgruppen müssen erreicht werden, um den Kulturwandel effektiv voranzutreiben?
- Welche Ressourcen haben Sie, um Mitarbeitergeschichten zu erzählen?
- Welche Medien und Kanäle sind am besten geeignet?

Ratsam ist eine sorgfältige Analyse der Ergebnisse interner Befragungen sowie aktueller Stimmungen. Ebenso wichtig ist es, ein möglichst konkretes Bild der Zielkultur zu entwerfen.

2.9 Die Geschichte der Führungslehre

Gehen wir in der Führungslehre einmal 100 Jahre zurück. Hier können wir plakativ sehen, dass sich Führung im ständigen Wandel befindet. In den 1920er Jahren wurden die psychischen und sozialen Begleitphänomene der industriellen Arbeit erkannt. Im Gegensatz zur tayloristischen Sichtweise des homo oeconomicus, der nach Nutzenmaximierung strebt, brachten die „Hawthorne-Experimente“ folgende Schlussfolgerungen hervor:

- Das Produktionsergebnis wird durch soziale Normen und nicht durch psychologische Leistungsgrenzen bestimmt.
- Nichtfinanzielle Anreize motivieren stärker als finanzielle.
- Industriearbeit ist nicht nur formelle, sondern auch informelle Gruppenarbeit.

Wir haben gelernt, nicht nur den Einzelnen, sondern die Arbeit im Kontext der Gruppenbeziehungen zu sehen. Wir haben gelernt, dass das Verhalten des Einzelnen von den Normen der Gruppe abhängt. Wir wissen, dass der Einfluss informeller Gruppen nicht als Störfaktor, sondern als wichtiger und notwendiger Faktor für das betriebliche Funktionieren gilt. Als Führungsaufgabe folgern wir daraus, dass wir „informellen“ Führungskräften einen Platz in der sozialen Pyramide verschaffen und für Zufriedenheit sorgen müssen.

Insgesamt kam man zu der Erkenntnis, dass die „personenbezogene Führung“ bessere Auswirkungen auf die Produktivität hat als die „produktionsbezogene“.

Für unsere Unternehmen heute können wir daraus drei Empfehlungen ableiten:

1. Unsere Mitarbeiter und insbesondere jene, die mit Führungsaufgaben betraut sind, sollten lernen, auf andere zu hören und Fragen zu stellen, die einen Überblick über gegebene Situationen ermöglichen. Sie sollten die eigenen Gefühle und die der anderen erkennen sowie die soziale Realität des Betriebes beobachten.
2. Alle Hierarchieebenen sollten an den Entscheidungen beteiligt werden, besonders in Angelegenheiten, die sie selbst betreffen. Delegierung kann hier die Freisetzung des schöpferischen Potenzials aller Beschäftigten bewirken.
3. Auch unser eigenes Führungsverhalten sollte einer gründlichen Revision unterzogen werden. Wir tasten uns an das Konzept demokratischer Führung heran.

Der Führungspsychologe Neuberger diagnostizierte 15 Dilemmata, die er als Widersprüche charakterisiert.[9] Diese fordern ständig Kompromisse zwischen den Alternativen, die jeweils beide unverzichtbar sind.

Mitarbeiter als Objekt	versus	Mitarbeiter als Subjekt
Berücksichtigung der Einzigartigkeit	versus	Berücksichtigung der Gleichartigkeit
Bestehendes bewahren	versus	Bestehendes verändern
Ordnung durchsetzen	versus	Freiheit ermöglichen

---

9 Neuberger, Oswald: Führen und geführt werden, Stuttgart 1995, S. 91, auch unter: https://olev.de/f/f-dilemmata-neuberger.pdf (Stand: 8.4.2019)

auf Distanz achten	versus	Offenheit und Nähe aufbauen
auf Sachlichkeit achten	versus	Emotionalität zeigen
kontrollieren	versus	vertrauen
Konkurrenz fördern	versus	Kooperation fördern
Einzelverantwortung betonen	versus	Gesamtverantwortung betonen
Spezialisierung	versus	Generalisierung
Herausforderung	versus	Fürsorge
Einzelentscheidung	versus	Gruppenentscheidung
Zielorientierung	versus	Verfahrensorientierung
extrinsische Motivation	versus	intrinsische Motivation
Eigennutz	versus	Gemeinnutz

Betrachtet man die heutigen Arbeitsmarktbedingungen, so sind diese Führungsdilemmata aktueller denn je. Niemals in der Führungsgeschichte mussten Personalverantwortliche sensibler zwischen der Gruppendynamik im Unternehmen und den einzelnen Menschen vermitteln.

Um die ohnehin schwierige Position der Führungskräfte zu entlasten, geben ihnen Unternehmen Führungsleitlinien an die Hand. Diese verschaffen Klarheit darüber, welches Rollenverständnis das Unternehmen im Allgemeinen vertritt und welcher Verhaltenskodex dahintersteht.

Zukunftsgerichtete Unternehmen achten dabei besonders auf Führungsregeln, die der Mentalität jüngerer Generationen entgegenkommen:

- Durch mehr Vertrauen mehr Delegation
- Durch Empowerment/Teamentwicklung weniger Mikromanagement

- Durch ehrliches Interesse an Mitarbeitern mehr Wohlergehen und Zusammenhalt, dadurch mehr Potenzialentwicklung und -ausschöpfung
- Durch den Fokus auf den Teamerfolg mehr Ergebnisorientierung und Produktivität
- Durch offenen Dialog stärkere Eigenverantwortung und Lösungsorientierung
- Durch die Einbindung der Mitarbeiter in Strategieentwicklung und -umsetzung mehr Fokus auf Vision und Unternehmensziele

Mit derartigen Leitlinien als Kompass in den Händen der Führungskräfte wird Raum geschaffen: einerseits zur Entfaltung der verschiedenen Mitarbeiterpotenziale und andererseits zur Weiterentwicklung der Führungsriege. Und das alles auf sehr loyale Art und Weise. Das Ergebnis ist: durch Führung zu führen.

2.10 Ein verändertes Unternehmen fordert veränderte Führung

Schon der geprägte Begriff der kooperativen Führung wurde dem Wertewandel der Gesellschaft gerecht, in der immer mehr Menschen ihren Beruf nach Spaß und Sinnhaftigkeit ausrichten. Kooperative Führung fördert also die Unternehmenskultur hin zu einem stärkeren Wir-Gefühl, weil sie Raum für die individuelle Potenzialentfaltung der Mitarbeiter schafft. Daneben dient der kooperative Ansatz dem Abbau von Hierarchie und der gleichmäßigeren Verteilung von Verantwortung innerhalb einer Organisation.

Loyale Führung bedeutet darüber hinaus, den kooperativen Führungsansatz – Einbeziehung der Mitarbeiter bei Entscheidungen, damit diese sie besser (mit-)tragen und ihr volles Potenzial einbringen können – mit emotionaler Führung zu verbinden, um noch nachhaltiger die Loyalität im Unternehmen auszuprägen, die wiederum Mitarbeitertreue und die damit verbundene Unternehmenssicherung für die Zukunft hervorbringt.

Loyale Führung stärkt also eine Unternehmenskultur, die das unternehmerische Denken des Einzelnen fördert, indem der einzelne Mitarbeiter in einem sicheren, Orientierung gebenden Arbeitsumfeld im Rahmen seines Potenzials Verantwortung übernehmen kann und soll.

Echte Kooperation braucht echtes Miteinander. Hierarchien treten weiter in den Hintergrund. Unternehmensleitungen und Führungskräfte sollten sich sorgfältig auf ihre veränderte Rolle in einer kooperativen Unternehmenskultur vorbereiten. Die begleitende Kommunikation sollte immer alle Mitarbeiter einschließen.

Dabei ist es wichtig, nicht nur auf einen Kick-off hinzuarbeiten, sondern die Kommunikation als Dauerbrenner mit folgenden Kernzielen zu betrachten: Transparenz, Nachhaltigkeit, Präsenz.

Wenn sich dieser Leitthemen angenommen wird, kann die Vorbildposition genutzt werden, um neues, gegenseitiges Vertrauen und Zugehörigkeitsgefühl mit dem Team aufzubauen. Denn nur wer sich gut informiert fühlt, zeigt Eigeninitiative und Einsatz.

Was macht eine loyale Führungskraft aus?

Allgemein weist eine gute Führungskraft folgende Eigenschaften auf:

- Intelligenz
- Kompetenz
- Zuverlässigkeit bei der Übernahme von Verantwortung

- Aktivität und soziale Teilnahme
- anerkannter (sozioökonomischer) Status
- starke soziale Ader
- Initiative
- Ausdauer
- Sachkenntnis
- Selbstvertrauen
- schnelle Auffassungsgabe
- Kooperationsbereitschaft
- Beliebtheit
- Anpassungsfähigkeit
- Wortgewandtheit

2.11 Vier Führungsfaktoren für Mitarbeiterloyalität

Wer sich Loyalität wünscht, muss Mitarbeiterzufriedenheit gewährleisten. Wir alle wissen, dass Mitarbeiter einen wesentlichen Einfluss auf den Erfolg eines Unternehmens haben. Je weniger Mitarbeiter ein Unternehmen hat, desto stärker ist der Einfluss des Einzelnen.

Mit loyalen Mitarbeitern haben Sie einen signifikanten Wettbewerbsvorteil. Die Loyalität zum Unternehmen wächst, wenn die Geschäftsleitung und die Führungskräfte diesen Wert leben und als Vorbilder ins Unternehmen einbringen. Das Gefühl von Loyalität ist sensibel und wächst wie Vertrauen durch stetige Begleitung.

Die wichtigsten Faktoren, die die Mitarbeiterloyalität im Unternehmen fördern, sind:

1. Transparenz

Offene Kommunikation, das rechtzeitige Informieren der Belegschaft und das Einholen ihres Feedbacks schaffen eine Vertrauenskultur im Unternehmen. Gibt es in Ihrem Unternehmen Entscheidungen, die alle Ebenen betreffen, sollten Sie alle Beteiligten zum frühestmöglichen Zeitpunkt einbeziehen. Trifft Ihre Führungsriege im kleinen Kreis Entscheidungen, deren Konsequenzen sich durch das ganze Unternehmen ziehen, begründen Sie die neue Vorgehensweise sofort gegenüber allen Mitarbeitern bzw. legen Sie die angepasste Zielausrichtung transparent dar.

2. Vertrauen

Wenn Sie Ihren Mitarbeitern vertrauen, zeigen Sie ihnen dies am besten, indem Sie ihnen Verantwortung übertragen; und zwar in dem Maß, dass Ihr Mitarbeiter gefordert, aber nicht überfordert wird. Die Anerkennung, die Ihr Mitarbeiter damit erhält, zeigt ihm Ihre Wertschätzung und neue Entwicklungsmöglichkeiten/Perspektiven auf.

3. Lob

Eine gesunde und wohlwollende Zusammenarbeit erreichen Sie, indem Sie jedem einzelnen Mitarbeiter das Gefühl geben, gesehen und gehört zu werden. Mit kurzen, aber häufigen anerkennenden Worten zeigen Sie ihm, dass er wahrgenommen und gefördert wird.

4. Respekt

Insbesondere beim Umgang mit Fehlern können Sie erkennen, ob Ihr Team fair und respektvoll miteinander umgeht. Unterstützen Sie Ihre Führungskräfte darin, das Augenmerk bei einem aufgetretenen Fehler darauf zu legen, wie der Verursacher selbst damit umgeht: Konnte er den Fehler kommen sehen? Wann hat er den Prozess abgebrochen? Wie bewertet er das Geschehen selbst? Gibt es Konsequenzen, aus denen gelernt werden kann? Vielleicht sogar aufgrund derer eine Erfolg versprechende Lösung angegangen werden kann?

Sicherlich ist Ihr Mitarbeiter am frustriertesten darüber, dass ihm dieser Fehler passiert ist. Wenn Sie Ihrem Mitarbeiter nach einem gescheiterten Prozess mit Respekt begegnen, können Sie ihm schon bei der Besprechung helfen, seine Motivation zurückzugewinnen und stärken seinen Lerncharakter.

Checkliste für Ihren Führungswandel

- Arbeiten Sie mit flachen Hierarchien?
- Kommunizieren Sie fair und transparent?
- Lassen Sie kritische Meinungen Ihrer Mitarbeiter zu?
- Nehmen Sie Verbesserungsvorschläge Ihrer Mitarbeiter an und prüfen Sie sie auf Praktikabilität?
- Sorgen Sie in Ihrem Team für ein konstruktives Arbeitsklima?
- Reflektieren Sie Ihre Führungskommunikation: Lassen Sie ausreden? Nehmen Sie Kritiker ernst? Stellen Sie niemanden bloß? Achten Sie darauf, dass niemand für offene Kritik abgestraft wird?
- Investieren Sie in die biopsychosoziale Gesundheit Ihrer Mitarbeiter?

Hinterfragen Sie Ihre Führungs- und Arbeitskultur auch in Bezug auf die sechs Ethikpunkte von Erik Händeler[10]:

- Wahrhaftigkeit statt Manipulation
- Konflikte fair klären
- Beziehungen versöhnen
- geben und nicht nur nehmen
- gesamtes Organisationswissen mobilisieren
- auch Fremdnutzen betrachten

Gute Führung will gelernt sein – und wer es kann, verliert die besten Leute nicht an die Konkurrenz.

Begeisterungsfaktoren für Ihre Mitarbeiter

Damit können Sie bei Ihren Mitarbeitern punkten:

> Mit- und Selbstbestimmung | Wahlmöglichkeiten | Vertrauen | Feedback | konsequentes Handeln | Informationsfluss | Dialog | Transparenz | Klarheit | Berechenbarkeit | Ehrlichkeit | Zuverlässigkeit | Gerechtigkeit | Wertschätzung (beruflich und persönlich) | Respekt | Humor | eingehaltene Versprechen | eigene Ideen einbringen können | Großzügigkeit | Überraschungen | Dankesworte | Entschuldigungen | Chef-Zeit | Einfühlsamkeit

---

[10] Händeler, Erik: Die Geschichte der Zukunft, Brendow Verlag, Moers 2013

2.12 Loyalität und Ethik in der Führung

Das wesentliche Schlüsselkriterium zur Ethik und damit zur loyalen Führung ist Achtsamkeit. Der Druck des Tagesgeschäftes darf – insbesondere von Führungskräften und Vorbildern – kein Grund für das Zurückstellen unternehmerischer Weitsicht und loyaler Führung sein. Wer sich in der Aufgabenerfüllung versteckt, weiß entweder nicht weiter oder scheut die Verantwortung. Beides ist ein Spiel auf Zeit.

Die loyale Grundhaltung in der Führung ist besonders wichtig, weil Abhängigkeiten bestehen: Jeder Mitarbeiter ist abhängig von seiner Führungskraft. Erst mit dem Bewusstsein über die Rolle, die Sie als Führungskraft im Leben Ihrer Mitarbeiter einnehmen und der daraus resultierenden Verantwortung für Ihr Handeln und Unterlassen, können Sie für sich eine angemessene Ethik entwickeln und loyale Führung ausleben.

In Abgrenzung der Ethik von Moral möchte ich kurz ausführen, dass Moral anerzogen bzw. übernommen ist. Die Denkweise „man sollte" oder „man darf nicht" ist moralisch. Erst wenn vorhandene Moral auf bestimmte Verhaltensweisen, Denkmuster und Einstellungen sowie auf bestimmte Werte hin überprüft wird, kann sich (eine eigene) Ethik entwickeln.

Somit sind auch Unternehmensleitbilder erst einmal moralische Richtlinien. Ausgenommen desjenigen, der sie geschrieben hat; sie entsprechen seiner Ethik. Für alle anderen sind sie Moral. Erst wenn sich die Führungskräfte und Mitarbeiter aktiv mit diesem Leitbild auseinandersetzen und es sich zu eigen machen, werden sie zu einer allgemeingültigen Ethik im Unternehmen.

Leider wird dieser Integrationsprozess in vielen Unternehmen vernachlässigt. Das zeigt sich daran, dass es Leitlinien auf dem Papier gibt, an die sich im Alltag nur leider keiner hält. Die Loyalität fehlt, die Verbindlichkeit fehlt.

Eine ethisch verbindliche Leitlinie, die Loyalität ausdrückt, lautet zum Beispiel: „Unsere Führungskräfte stehen dafür ein, vertrauensvoll und verantwortungsbewusst zu handeln und ihren Mitarbeitern unterstützend und fördernd zur Seite zu stehen."

Loyale Führung bedeutet Kooperation jenseits von Machtspielen. Doch wahrscheinlich gibt es genauso viele Machtspiele wie Menschen auf dieser Erde. Sind wir einem Machtmenschen ausgesetzt, dann ist Ethik, also Ihre loyale Einstellung, besonders wichtig. Wie ich schon geschrieben habe, können wir unserem Unternehmen, unserem Vorgesetzten, unseren Mitarbeitern gegenüber loyal sein. Und natürlich uns selbst gegenüber. Wenn Sie ethische Handlungsmaßstäbe in Ihrem Wertesystem verankert haben, schützen Sie diese vor Machtmissbrauch und Manipulation.

Loyale Führung im Sinne von Kooperation bedeutet, von beiden Seiten eine Win-Win-Strategie zu verfolgen. Damit ist loyale Führung wechselseitig und bedingt die beiderseitige persönliche Wertschätzung. Miteinander gearbeitet bzw. verhandelt wird mit beiderseitigen Angeboten und der gemeinsamen, kreativen Gestaltung. Es wird eine Konstellation angestrebt, bei der beide Seiten die Gewinner sind. Führungskraft und Mitarbeiter erkennen die vorhandenen Verantwortlichkeiten und Rollenunterschiede an. Unabhängig von Rahmenbedingungen wie persönlicher Kompetenz, Erfahrungen, Gehaltsgefüge und den Erfordernissen der Aufgabe fühlen sich beide Seiten ebenbürtig.

Dem Unternehmen gegenüber loyal eingestellte Führungskräfte erweisen sich als vertragstreu und kompromissbereit. Ethisch orientierte Unternehmen mit einem hohen Loyalitätsgrad ihrer Mitarbeiter sind grundsätzlich krisensicherer und schreiben Erfolgsgeschichten („schwärzere" Zahlen). Mit einer loyalen Unternehmensführung gewinnen Sie also nicht nur ein reines Gewissen und ein gutes Image, sondern auch mehr Profit.

Und das motiviert nicht nur Sie, sondern auch Ihre Mitarbeiter, gemäß meiner Überzeugung: loyal works! Dieser zweispurige, loyale Motivationsprozess kann durch ein gelebtes Wertesystem, für das sich ein Mitarbeiter gern engagiert, stimuliert, aber nicht kontrolliert werden. Indem sich Mitarbeiter mit Ideen, Werten und Visionen einbringen und im Wertesystem wiederfinden, steigt der gute Ruf des Unternehmens und damit die Gesamtattraktivität als Arbeitgeber.

Alle Techniken und Methoden, die Sie von mir oder aus anderen Quellen an die Hand bekommen, sind Mittel zur Machtausübung. Die Frage hinsichtlich loyaler Führung ist, ob sie ausschließlich für kooperative Zwecke eingesetzt werden – und nicht etwa manipulativ. Entscheidend ist immer die Einstellung und in welcher Absicht sie eingesetzt werden. Mit einer loyalen Grundeinstellung von Führungskräften werden Mitarbeiter zur Entfaltung und Nutzung ihres Potenzials angeregt. Es wird Transparenz in Hinblick auf Methoden und Ziele geschaffen. So ein vorbildhafter Umgang hilft, Reibungsverluste zu vermeiden. Neuer Raum für ermutigende und effektive Kommunikation entsteht.

2.13 Loyale Führung ist unersetzlich

Eine elementar wichtige Aufgabe, die Führungskräfte haben, um den Erfolg ihres Unternehmens sicherzustellen, ist: Sie müssen dafür sorgen, dass sie ihre Mitarbeiter halten. Gerade für die Millenial-Generation müssen Unternehmen sich heute attraktiv machen. Doch es reicht nicht, auf die Rahmenbedingungen zu achten und etwa darauf einzugehen, welche Wünsche Mitarbeiter haben. Als Chef muss man sich immer wieder bewusst machen: Menschen verlassen selten ihre Jobs, sie verlassen ihre Vorgesetzten. Anders herum gesagt: Wer eine exzellente Führungskraft ist, wird es auch schaffen, seine Mitarbeiter für weniger spannende Aufgaben zu motivieren. Denn in einem tollen Team zu arbeiten und zum Beispiel von erfahrenen Angestellten lernen zu können, ist auch viel wert.

In Unternehmen mit guter Führung ist die Fluktuation geringer. Verlassen Angestellte jedoch häufig nach relativ kurzer Zeit das Unternehmen, ist das ein Zeichen dafür, dass es ein Managementproblem gibt. Wer selbst eine Firma oder Abteilung leitet, weiß, dass es kein Spaß ist, Talente zu verlieren: Die Nachbesetzung einer Stelle kann lange dauern, wichtige Projekte verzögern und auch Kunden verunsichern. Besser ist also, wenn das gar nicht erst passiert und man es schafft, die besten Leute im Team zu halten und ihnen bei ihrer beruflichen Entwicklung zu helfen.

Anne M. Schüller hat in ihrem Buch *Total Loyalty Marketing* die fünf Entwicklungsstufen von Mitarbeiterloyalität beschrieben.[11] Diese „Loyalitätstreppe“ baut sich wie folgt auf:

1. Stufe: Aus dem Mitmenschen wird ein Mitarbeiter. Hier schon, im Recruiting- und Bewerbungsprozess, stellt sich die Frage, wie Sie als Firma die „richtigen“, die zu Ihrem Unternehmen passenden Mitarbeiter mit Loyalitätspotenzial bekommen.

2. Stufe: Ihr neuer Mitarbeiter wird mit den Unternehmenswerten, dem Leitbild und dem Geschäftszweck vertraut gemacht. Erst als Mitwisser kann er zum Mitdenker entwickelt werden.

3. Stufe: Aus dem wissenden Mitarbeiter wird der Könner. Aus der Theorie wird Praxis. Hier folgen klare Botschaften, zielgerichtete Planungen und Umsetzungsideen innerhalb des Wirkungsfeldes des Mitarbeiters.

---

[11] Schüller, Anne M./Fuchs, Gerhard: Total Loyalty Marketing, Gabler, Wiesbaden 2006

4. Stufe: Der Weg ist frei, zum Wissen kommt das Wollen: Die konkreten Handlungsfelder werden willentlich und planvoll umgesetzt.

5. Stufe: Hier sind das Management und die Führungskräfte gefordert, den befähigten Mitarbeitern in ihrem Wissen, Können und Wollen den (Frei-)Raum zur Ausübung ihrer Möglichkeiten zu schaffen, sie im Vertrauen agieren zu lassen und wertschätzend und würdevoll anzuleiten.

Das Ergebnis ist ein Mitarbeiter, der in der Lage ist, das Nutzenversprechen Ihrer Organisation gegenüber Ihrem Kunden zu erfüllen. Was das in der Praxis bedeutet, hängt stark von der Rolle und Funktion des jeweiligen Mitarbeiters ab.

Um sich einen Überblick zum Loyalitätsstandard in Ihrem Unternehmen zu schaffen, stellen Sie sich folgende Fragen:

- Auf welchen Ebenen hat Ihr Unternehmen insgesamt und jeder Ihrer Mitarbeiter noch Steigerungspotenzial?
- Wie können Sie Ihren Mitarbeiter dazu bringen, sein Potenzial mit freiwilligem Engagement zu entfalten und zu beiderseitigem Vorteil auszuschöpfen?
- Welche Kompetenzen können Sie als Führungskraft weiterentwickeln? Welche Strukturen und Standards würden Ihnen das „Machen-lassen“ Ihrer Mitarbeiter erleichtern?

Wir wissen: Keine Zeugnisse, Zertifikate oder andere Dokumente lassen eine Aussage über das Loyalitätspotenzial eines Mitarbeiters treffen. Aus einem Lebenslauf mit vielen Berufswechseln auf mangelnde Loyalität zu schließen, ist zu kurz gedacht. Es können unterschiedlichste Gründe dahinterstehen. Um für Ihr Unternehmen die passenden, zukunftsorientierten Mitarbeiter zu gewinnen, ist es wertvoller, auch beim neuen Kandidaten beim heutigen Stand anzusetzen und sich für die Zukunft folgende Fragen zu stellen: Wäre der neue Mitarbeiter Ihrem Unternehmen gegenüber loyal? Wäre er vielleicht sogar ein Loyalitätstreiber – bis hin zu Ihrer Kundenseite?

Letztlich entscheidet Ihr Bauchgefühl, ob es beim neuen Mitarbeiter das gewünschte Loyalitätspotenzial gibt. Und letztlich liegt es an Ihrer inneren (loyalen) Haltung, welche Unterstützung Sie Ihrem Neuling mit auf den Weg geben.

2.14 Loyale Führung schafft eine neue Fehlerkultur

Vielerorts ist es immer noch üblich, für Fehler getadelt zu werden; was in der Konsequenz dazu führt, dass kaum jemand offen über Fehler sprechen mag. Schon gar nicht über die eigenen. Das Risiko, verurteilt und verspottet zu werden, ist vielen zu groß. Dabei wissen wir gleichzeitig, dass in jedem Fehler die Chance steckt, daraus zu lernen und Verbesserungen herbeizuführen. Die wichtigste Erkenntnis darin ist jedoch, dass die Offenheit über Fehler ein Team und seine Mitarbeiter miteinander loyalisiert. Kaum jemand macht einen Fehler nur einmal. Und wenn einem Mitarbeiter ein Fehler unterlaufen ist, kann er sofort – loyal – verhindern, dass einem anderen Mitarbeiter der gleiche Fehler passiert: indem er ihn aufklärt.

Werden Fehler im Unternehmen hingegen unter den Teppich gekehrt, wird fahrlässig eine höhere Fehlerquote in Kauf genommen – was weder die Führungsspitze aufgrund der höheren Kosten noch die Kunden durch Reklamationen zufriedenstellen wird.

Aus diesem Grund ist es ratsam, eine Fehlerkultur im Unternehmen einzuführen, die alle dazu ermutigt, aus Fehlern zu lernen. Das geht nur über Aussprache und Austausch. Je schneller bzw. früher in der Prozesskette ein Fehler gemacht wird, desto geringer sind die „Reibungsverluste", der Zeit- und Kostenaufwand. Und desto schneller wird gelernt und eine geeignete Lösung gefunden. Für den Kunden steigen so die Qualitätseinschätzung und die Zufriedenheit.

Ein solcher Lernerfolg zeigt den Teammitgliedern die Verbesserung ihrer eigenen Produktivitätskurve, was nicht nur ihre Leistung, sondern auch ihre Motivation erhöht. Zusammen mit dem Bewusstsein, dass besprochene Fehler etwas Positives sind, weil sie für alle eine Lerngelegenheit bieten, werden Mitarbeiter experimentierfreudiger auf der Suche nach besseren und neuen Lösungen. Die Angst vor Fehlern verschwindet und die Freude an der Arbeit steigt. Außerdem sinkt die Fehlerrate. Was herauskommt, ist ein innovatives, hoch loyales Team, das bereit ist zu lernen – für das Unternehmen und für sich selbst. **Fazit: Fehler „machen dürfen" loyalisiert**.

2.15 Wie kommen Loyalität und Geld zueinander?

Immer wieder bekomme ich seitens meiner Auftraggeber diese Frage gestellt. Kann ein Unternehmen weniger bezahlen, weil es eine angenehme Arbeitsatmosphäre schafft? In den Augen des Mitarbeiters kann es wohl kaum genug Geld geben. Doch betrachten wir es aus loyaler Sicht einmal so: Geld ist ein Belohnungsfaktor, der die Leistung des Mitarbeiters zum Ausdruck bringt. Somit ist Geld auch ein Wertschätzungsfaktor. Zum Bestrafungsfaktor durch zu geringes Gehalt darf er auf keinen Fall verkommen.

Loyale Mitarbeiter sorgen für loyale Kunden. Damit erwirtschaften loyale Mitarbeiter einen Nachhaltigkeitsfaktor, der sich direkt in höheren Erträgen und niedrigeren Kosten (durch weniger Aufwand) auswirkt.

Wenn Sie Geld für die Loyalitätsentwicklung im Unternehmen einsetzen wollen, dann betrachten Sie es als Instrument der Mitarbeiterentwicklung. Honorieren Sie mit Lohnanteilen beispielsweise folgende Maßnahmen:

- Umsatzprovisionen (nicht nur im Vertrieb, sondern spartenübergreifend)
- Vergütung für die konkrete Empfehlung eines neuen Mitarbeiters (Auszahlung nach erfolgreicher Beendigung der Probezeit des Neuen)
- Dienstalter (Erfahrungsschatz durch Verweildauer im Unternehmen)
- Durchlaufene Trainings/nachweisbares Wissen
- „Trainervergütung“ für interne Tandemsysteme/Wissenstransfer
- lobende Erwähnungen in Kundenbewertungen
- Entwicklung und Weitergabe von Service- und Produktideen, die den Kundennutzen steigern (Erweiterung des betrieblichen Vorschlagswesens)
- Hinweise auf Möglichkeiten zur Einsparung von Kosten, sowohl intern als auch auf Kundenseite
- Anzahl von „loyalisierend“ genutzten und umgewandelten Kundenbeschwerden
- Anzahl von besprochenen Fehlern zur Steigerung Ihres Qualitätsmanagements

Im Ganzen soll ein Arbeitsplatz natürlich an der Qualität des Gesamtumfangs bemessen werden. So können sich viele Maßnahmen, die Sie als attraktiver Arbeitgeber anbieten, wie bares Geld für die Mitarbeiter auswirken, ohne sich in Bargeld auszudrücken. Setzen Sie bei den individuellen Bedürfnissen Ihrer Mitarbeiter an und finden Sie heraus, was seine persönliche Loyalität fördert. Unterstützen Sie in Form von „weichen“ Motivatoren wie:

- Flexibilisierung der Arbeitszeit
- Betriebsrente, Altersvorsorge

- Firmenkindergarten oder Betreuungszuschüsse
- Betriebssport oder Kooperation mit Fitnessanlagen
- Teilnahme an Fortbildungen
- private Darlehen
- Feste und Feiern
- usw.

Darüber hinaus dienen kleine Aufmerksamkeiten der Loyalisierung. Mit Humor, Großzügigkeit und Überraschungseffekt können Sie Danke sagen und Anerkennung zeigen:

- ein Dankesbrief zum Ende der Probezeit
- ein Viel-Spaß-Brief beim Antritt des Jahresurlaubs
- ein Willkommen-zurück-Geschenk nach längerer Erkrankung
- Fachmessebesuche und Studienreisen
- ein geschenkter Urlaubstag
- ein Blumenstrauß zum Frühlingsanfang
- eine Smartwatch fürs Gesundheitsmanagement
- ein persönliches Geschenk passend zum Hobby des Mitarbeiters

2.16 Sieben Dinge, die ein loyaler Chef anders machen sollte

Was also machen die Manager falsch, die immer wieder Leute aus ihrem Team verlieren?

1. Sie interessieren sich nicht für ihre Mitarbeiter als Menschen.

Etwa die Hälfte aller Angestellten sucht sich einen neuen Job, weil die Beziehung zum Chef nicht ihren Erwartungen entspricht. Als Vorgesetzter ist es deshalb immens wichtig, seine interpersonellen Fähigkeiten zu entwickeln und mit den Mitarbeitern eine Beziehung zu entwickeln, die auf mehr basiert als der gemeinsamen Arbeit. Mitarbeiter wollen als ganze Menschen gesehen und behandelt werden, daher zahlt es sich aus, wenn Sie als Führungskraft wissen, wann Ihre Mitarbeiter gerade eine persönliche Krise durchstehen und was sie persönlich bewegt. Wir verbringen so viel unserer Lebenszeit mit Arbeit – es ist unmöglich, dabei zufrieden zu sein, wenn der zwischenmenschliche Kontakt unpersönlich ist.

2. Sie zeigen für die Arbeit ihrer Mitarbeiter keine Wertschätzung.

Wie würde es Ihnen ergehen, wenn Sie ein Projekt zu einem guten Abschluss bringen und der Kunde zwar dafür bezahlt, aber mit keinem Wort sagt, wie er das Ergebnis findet? Eine gute Arbeitsbeziehung beinhaltet Anerkennung für das, was geleistet wird – dazu zählt auch konstruktives Feedback, denn das zeigt, dass Sie sich als Chef mit der Arbeit Ihres Mitarbeiters auseinandergesetzt haben. Um Ihr Teammitglied richtig zu loben, ist es außerdem hilfreich zu wissen, was die Person motiviert. Für manche ist das eine Gehaltserhöhung, für andere ist das ein ausgesprochenes Lob in einem Teammeeting. Die Mitarbeiter wertzuschätzen und das regelmäßig zu zeigen, ist die Grundlage dafür, ein gutes Team aufbauen zu können.

3. Sie lassen ihre Mitarbeiter bis zum Burn-out arbeiten.

Schlechte Manager verwechseln Überstunden mit Produktivität und loben ihre Mitarbeiter dafür, wenn sie besonders lange im Büro sitzen oder um Mitternacht noch auf eine E-Mail antworten. Gute Vorgesetzte tun das Gegenteil: Sie achten darauf, dass ihre Mitarbeiter sich nicht überarbeiten und sich ausreichend von der Arbeit erholen können. Denn wem nutzt es, wenn ein Teammitglied aufgrund von Krankheit oder chronischem Stress ausfällt? Eine gute Führungskraft weiß, wie sehr sie ihre Mitarbeiter belasten kann und organisiert die Aufgabenverteilung so, dass ihr Team Zeit für Familie und Freunde und ausreichend Schlaf hat – um gesund und glücklich zu bleiben.

Natürlich können durchgearbeitete Nächte im Team auch zusammenschweißen – aber nur, wenn das nicht zur Regel wird, sondern wirklich eine Ausnahme ist.

4. Sie halten ihre Versprechen nicht ein.

Mitarbeiter wollen sich auf ihren Chef verlassen können. Daher ist es ungemein wichtig, dass dieser seine Zusagen einhält. Es ist empfehlenswert, keine Versprechen zu machen, die vielleicht nicht eingehalten werden können. Es können aber auch schon kleine Dinge sein, wie das Entwicklungsgespräch drei Mal zu verschieben, weil immer ein anderer Termin wichtiger ist. Das gibt dem Mitarbeiter das Gefühl, nicht geschätzt zu werden oder bei großen Versprechen wie Beförderungen, die dann nicht eintreten, sogar getäuscht oder belogen worden zu sein.

5. Sie melden sich dann, wenn etwas nicht läuft.

Kennen Sie diesen Typ Chef? Er kommt morgens herein und meckert, dass die Präsentation gestern so schlecht gelaufen sei. Es ist das erste Mal seit drei Wochen, dass er sich in Ihrem Büro blicken lässt. An das letzte Lob können Sie sich gar nicht erinnern?

Den Mitarbeitern ein schlechtes Gefühl zu vermitteln und zu glauben, dass negatives Feedback sie anspornt, ist grausam und überhaupt kein Führungsstil. Eine gute Führungskraft achtet darauf, dass sie regelmäßig mit ihrem Team im Austausch ist und Verbesserungswünsche und Lob sich die Waage halten. Wenn Sie Kritik äußern müssen, dann machen Sie deutlich, welche Wege es gibt, es in Zukunft besser zu machen und binden Sie die Ideen Ihrer Mitarbeiter ein. Zudem kann ein Mitarbeiter mit schlechtem Feedback besser umgehen, wenn es nicht das Einzige ist, was der Vorgesetzte ihm zu sagen hat. Wer jedoch nur dafür bekannt ist, sich zu melden, wenn etwas nicht funktioniert, wird bald ohne Team dastehen.

6. Sie unterstützen ihre Mitarbeiter nicht dabei, dazuzulernen.

Glück gehabt: Sie haben Talente im Team, die so gut arbeiten, dass der Laden im Prinzip von allein läuft. Die müssen doch glücklich sein, oder nicht? Wer das als Manager so sieht, wird die besten Leute bald an die Konkurrenz verlieren. Denn gerade die besten Mitarbeiter suchen nach Herausforderungen und wollen diese zuerst im eigenen Unternehmen bekommen. Als gute Führungskraft ist es Ihre Aufgabe, nach Wegen zu suchen, wie Sie auch für die besten Mitarbeiter Bereiche finden, in denen sie noch dazulernen können. Denn es gibt bekanntlich auch den Bore-out: Mitarbeiter, die aus lauter Langeweile unzufrieden werden und ihr Glück dann beim nächsten Unternehmen versuchen.

7. Sie befördern die falschen Leute.

Als Personalverantwortliche müssen Sie einschätzen können, wer am besten geeignet ist für eine offene Stelle. Sie müssen jemanden einstellen oder jemanden aus dem Team befördern. Das Wichtige dabei ist, die Stelle so zu besetzen, dass die Entscheidung im Team akzeptiert wird, sie begründet und fair ist. Denn das Team hat in der Regel ein sehr gutes Gespür dafür, wer die Beförderung verdient hat oder was jemand können muss, um das Team perfekt zu ergänzen. Wenn Sie als Führungskraft allerdings jemanden ins Team holen, weil es sich um einen guten Bekannten handelt, der gerade einen Job brauchte und halbwegs passt, obwohl Ihr Mitarbeiter wirklich hart gearbeitet hat und ebenfalls auf die Stelle passen würde, dann kommt Frust auf.

Um diesen Fehler zu vermeiden, können Sie Stellenanforderungen und die Kriterien für Beförderungen transparent machen. So kann man genau prüfen, wer im Team mit gegebenen Fähigkeiten aufrücken kann oder wer mit überschaubarem Aufwand dahin entwickelt werden kann, um aufzurücken. Wenn sich Mitarbeiter wiederholt bei Beförderungen übergangen fühlen, werden sie erfahrungsgemäß bald das Unternehmen verlassen.

2.17 Der Zusammenhang von Führung und Gesundheit

Anhand der Historie meines Rückenleidens weiß ich genau, dass negativer Stress dazu führt, dass man früher oder später krankheitsbedingt ausfällt. Ich habe daraus gelernt, mein Lebensumfeld so zu strukturieren, dass ich in einem gesunden Maß effektiv arbeiten kann und mir die notwendigen Ruhepausen gönne. Es ist ein offenes Geheimnis, dass eine ausgewogene Lebensführung zur psychischen und physischen Gesundheit beiträgt.

Inwiefern eine emotionale und bedürfnisorientierte Führung einen positiven Einfluss auf die Gesundheit und Leistungsfähigkeit der Mitarbeiter hat, hat Dr. Denis Mourlane in Zusammenarbeit mit der Bertelsmann-Stiftung herausgefunden.[12] Um das Ausmaß an emotionalem Führungsverhalten zu messen, wurden 347 Mitarbeiter und 217 Führungskräfte zur Einflussnahme auf die fünf Grundbedürfnisse befragt:

- „Meine Führungskraft vermittelt mir die Sinnhaftigkeit meiner Arbeit." (Kohärenz)
- „Meine Führungskraft gibt mir die Möglichkeit, meine Arbeitsabläufe selbstständig zu gestalten." (Orientierung und Kontrolle)
- „Meine Führungskraft betont, dass wir ein starkes Team sind." (Bindung)
- „Meine Führungskraft lobt mich für gute Arbeit." (Selbstwert)
- „Meine Führungskraft sorgt für eine angenehme und entspannte Atmosphäre." (Lustgewinn)

Die Güte der insgesamt erlebten Führung wurde an der strengen Formulierung „Dies ist eine der besten Führungskräfte, für die ich je gearbeitet habe" gemessen.

Weitere Faktoren wie psychosomatische Beschwerden oder das Ausmaß an Burn-out-Symptomen wurden mit Hilfe bestehender wissenschaftlicher Instrumente erhoben. Die Ergebnisse bestätigten vollständig die Hypothesen – und zwar noch deutlicher als erwartet:

- Personen, die der Aussage „Dies ist eine der besten Führungskräfte, für die ich je gearbeitet habe" stark zustimmen, haben eine deutlich höhere Arbeitszufriedenheit und sind insgesamt weniger zynisch als Personen,

---

[12] Mourlane, Denis: Emotional Leading, dtv, München 2015

die dieser Aussage weniger zustimmen. Sie berichten außerdem weniger über psychosomatische Beschwerden, sind emotional weniger erschöpft und haben eine stärkere Empfindung, effektiv und leistungsfähig zu sein.

- Die gleichen Zusammenhänge können im Hinblick auf emotionales Führungsverhalten beobachtet werden. Personen, die angeben, ein hohes Maß an emotionalem Führungsverhalten zu erfahren, sind sehr zufrieden mit ihrer Arbeit, deutlich weniger zynisch und haben ein sichtlich höheres Gefühl der Effektivität und Leistungsfähigkeit als Personen, die ein solches Führungsverhalten in einer weniger intensiven Art und Weise erleben. Personen, die stark emotional geführt werden, berichten außerdem über weniger psychosomatische Beschwerden und weniger emotionale Erschöpfung als Personen, die in geringerem Maße emotional geführt werden.
- Schaut man sich im Einzelnen an, welche emotionalen Führungsverhaltensweisen in besonderer und positiver Weise einen Einfluss auf die Arbeitszufriedenheit, Burn-out-Symptome und psychosomatische Beschwerden haben, so stechen diejenigen Führungsverhaltensweisen hervor, die das Bedürfnis nach Kohärenz, Stimmigkeit und Sinn ansprechen.
- Die Führungskräfte, die ein emotionales Führungsverhalten zeigten, wurden als „eine der besten Führungskräfte, für die ich je gearbeitet habe", eingeschätzt, was nicht anders zu erwarten war.

Was den Ursache-Wirkung-Zusammenhang betrifft, stellt sich die Frage von der Henne und dem Ei: Entweder sind die untersuchten Personen so zufrieden, gesund und leistungsfähig, weil sie eine gute Führungskraft haben, oder sie beurteilen ihre Führungskraft so gut, weil sie so zufrieden mit der Arbeit, so gesund und so effektiv sind.

Unzweifelhaft ist, dass die Unternehmenskultur die Gesundheit der Mitarbeiter beeinflusst – und ein angenehmes Klima damit unnötige Kosten für Krankheitstage verhindern kann. Dieses stützt der Fehlzeiten-Report 2016 der AOK.[13]

FAZIT

Als loyale Führungskraft müssen wir erkennen, dass die Güte unserer Führung deutlich mit der erlebten Arbeitszufriedenheit, Gesundheit und Leistungsfähigkeit zusammenhängt. Jeder, der schon einmal für eine aus seiner Sicht richtig gute oder für eine richtig schlechte Führungskraft gearbeitet hat, weiß, wie stark dies die eigene Arbeitszufriedenheit, Gesundheit und Leistungsfähigkeit beeinflussen kann.

Diejenigen unter Ihnen, denen am meisten an den Ergebnissen der Abteilung oder des Unternehmens liegt, mag es beruhigen, dass gerade die gut und loyal geführten Mitarbeiter angaben, effektiver und leistungsfähiger zu sein – und genau das führt doch zu den herausragenden Ergebnissen. Win-Win.

---

13 AOK-Website, https://www.aok-business.de/gesundheit/bgf-in-ihrer-organisation/gesunde-unternehmenskultur/studie-zur-unternehmenskultur/ (Stand: 4.4.2019)

Langfristige Treue zum Unternehmen nach dem Grad der emotionalen Bindung

Aussage:
Ich beabsichtige, meine berufliche Karriere bei meiner derzeitigen Firma zu machen.

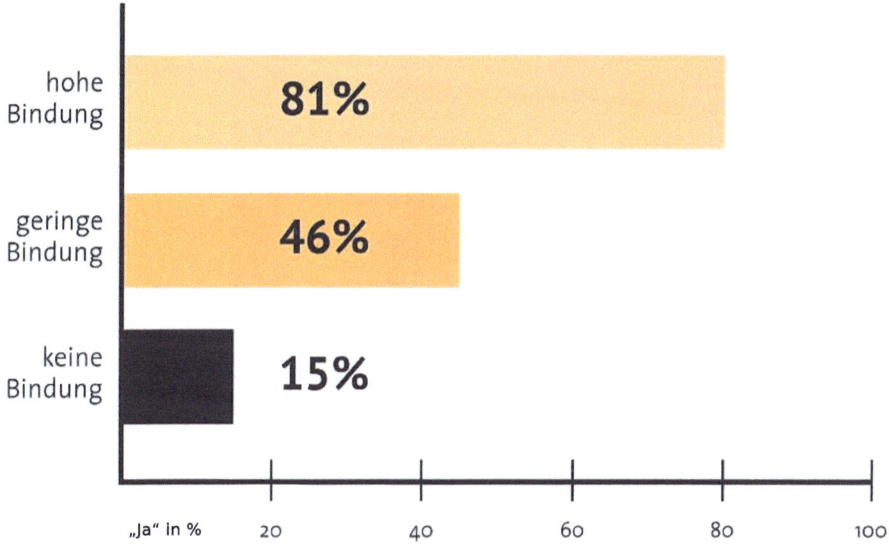

Gallup Engagement Index 2016
Basis: Arbeitnehmer*innen ab 18 Jahre in der Bundesrepublik Deutschland
Stichprobe: 1.413 Arbeitnehmer*innen wurden im Zeitraum Februar/März und Oktober/Dezember 2016 befragt
Quelle: Gallup GmbH, Deutschland, www.gallup.de

2.18 Kulturwandel im Unternehmen

Kulturwandel ist als proaktiver, beherzter Laufschritt nach vorn in Richtung Zukunft zu sehen.

Beim Thema Nachhaltigkeit zeigt sich besonders, dass gekonntes Storytelling bei der kommunikativen Begleitung eines Kulturwandels noch mehr an Bedeutung gewinnt. Sensibilität und Talent für Gratwanderungen sind gefragt, denn die neue Kooperationskultur muss in die interne (und manchmal auch externe) Kommunikation integriert werden – und nicht wie früher in die Berichterstattung fließen. Denn Kommunikation ist Dialog.

Eine weitere Möglichkeit ist es, Kooperation interaktiv und emotional erlebbar zu machen, zum Beispiel durch Mitarbeiterveranstaltungen. Einige Unternehmen benennen im Rahmen kultureller Veränderungsprozesse einen Feelgood-Manager als positive, neutrale Schnittstelle zur Belegschaft und um das Wir-Gefühl und die Wertschätzung gegenüber den Mitarbeitern zu verkörpern.

Um der Präsenz gerecht zu werden, kann der Kooperationsgedanke als Leitfaden für (neue) Kommunikations- und Arbeitsinstrumente dienen: An welchen Stellen fehlen Tools, mit denen Teams Informationen und Wissen schnell und unkompliziert austauschen können? Welche Instrumente unterstützen die Führungskräfte bei ihrer neuen Rolle?

Bei allen Überlegungen sollte auch dem Unterhaltungswert, der smarten Bedienbarkeit und einer attraktiven Aufmachung Raum gegeben werden. Denn wer Spaß mit Nutzen verbindet, wird von allein aktiv.

Nicht zuletzt sollte auch die Meeting-Kultur auf Kooperationsaspekte, Eigeninitiative und Verantwortungsrahmen untersucht werden.

Ich behaupte, dass sich jedes Unternehmen im Veränderungsprozess befindet. Zum einen, weil stetig nur der Wandel ist. Vor besonderen Herausforderungen stehen meiner Meinung nach jedoch Unternehmen, die sich heute, im Spannungsfeld zwischen Demografiewandel und Digitalisierung, auf Wachstumskurs befinden.

Was es dafür braucht, um erfolgreich zu sein? **Gemeinsame Werte.**

Die Entwicklung von Unternehmenswerten im Sinne einer Wertekultur ist zweifellos Aufgabe des Topmanagements: Welche Werte passen zum Unternehmen und wie sind sie genau zu verstehen?

Doch wer trägt die Werte weiter? Wie kommen die Werte in einer umfangreichen Mittelstandsstruktur bis in die letzten Abteilungen und an den entferntesten Standorten an? Neben der Führungsriege sind die Personalmanager zunehmend die Treiber des Kulturwandels und Vermittler strategischer Entscheidungen.

Mit ihrem Einfluss und ihrer Steuerfähigkeit wird das Personalmanagement zum Bindeglied zwischen den Unternehmenszielen des Headquarters und den Mitarbeitern. Denn Mitarbeiter, die ihre Unternehmenswerte verstehen und begrüßen, werden sie schneller innerlich verankern und Handlungsaufforderungen, die zum Wertesystem passen, bereitwilliger folgen.

Sind sich in der Werteorientierung alle einig, schweißt das zusammen und erhöht die Loyalität und Bindung zum Arbeitgeber.

Gelingt der Kulturwandel, weht ein neuer Geist durch die Büros und Betriebe: Untersuchungen zufolge besteht ein Zusammenhang zwischen der Kultur und dem wirtschaftlichen Unternehmenserfolg, wie z. B. Wachstum und Rentabilität.[14] Gesteigerter Sinn, ein spürbares Plus an Identifikation, Motivation und intelligentere Entscheidungen durch mehr Orientierung in kritischen Situationen erhöhen die Bilanz. Die Teamergebnisse verbessern sich und im Kampf um Talente haben kulturstarke Unternehmen die Nase vorn.

Einige Firmen aus meinem Dunstkreis haben sich einer neuen Ansprache für Mitarbeiter und Bewerber schon geöffnet. So habe ich zum Beispiel diese Erkenntnisse auf der Fachkräftekonferenz Südniedersachsen aufgeschnappt:

> „Gute Führung merkt man da, wo sie nicht offensichtlich stattfindet." (Stefanie Ahlborn, Stadt Göttingen)
>
> „Presse nicht Menschen in die Stellen, sondern schaffe Stellen für die Menschen." (Julia-Verena Brücke, Personalchefin Wentorf & Schenkhut GmbH)

Olaf Feuerstein, Geschäftsführer der *Hotel Freizeit In GmbH*, hat von der immens schwierigen Personalgewinnung in der Gastronomie und Hotellerie berichtet. Er lässt seine Auszubildenden das Recruiting neuer Nachwuchskräfte der Generation Z planen. Gute Erfahrungen, so berichtete er bei der

---

[14] Burchell, Noel, „Concept Mapping & Pattern Matching" – Erfassung von Unternehmenskultur und ihren Auswirkungen auf Erfolg, in: Bertelsmann Stiftung, Messen, werten, optimieren. Erfolg durch Unternehmenskultur. Ein Leitfaden für die Praxis, https://www.bertelsmann-stiftung.de/fileadmin/files/BSt/Publikationen/GrauePublikationen/GP_Messen_werten_optimieren.pdf, 2006 (Stand: 8.4.2019)

Fachkräftekonferenz Südniedersachsen, habe er für die Gewinnung von Auszubildenden mit Gutscheinkarten in Popcorn-Tüten des örtlichen Kinos gemacht: Nach einem Probearbeitstag bekommen die jungen Menschen eine Übernachtung im Doppelzimmer mit Dinner und Frühstück geschenkt. Aus 400 Gutscheinen resultierten nach der letzten Aktion 20 Bewerbungen und zwei Arbeitsverträge. Darüber hinaus hat das Hotel den Bewerbungsprozess radikal verschlankt. Auch sonst gibt es für die Mitarbeiter einige positive Veränderungen: Die Einteilung der Dienstpläne können die Mitarbeiter weitgehend autonom über die App EASYPEP vornehmen. Für wiedereingestiegene Mütter gebe es 22 flexible Arbeitsmodelle. Und selbst ehemalige Mitarbeiter lädt das Hotel zu Treffen ein, um die sich beruflich umorientierten Ehemaligen ins Team zurückzuholen.

Wie geht es bei Ihnen weiter?

Da Sie bis hierher gelesen haben, unterstelle ich Ihnen die Einsicht, dass auch Sie für eine gelingende Mitarbeiterbindung und Zukunftssicherung bereit sind, neue Methoden in Ihrem Unternehmen auszuprobieren. Ich bin überzeugt davon, dass Loyalität genau *das* Bindemittel zum Halten von Mitarbeitern ist, das Unternehmen auf Zukunftskurs brauchen. In den folgenden Kapiteln zeige ich Ihnen, wie wir bei loyalworks® vorgehen, um nachhaltige Standards in den Bereichen Personalgewinnung (Recruiting) und Einarbeitung und Integration (Onboarding) zu implementieren. Außerdem beschreibe ich, wie sich Tandemsysteme zur Mitarbeiterentwicklung und Sicherstellung des internen Wissenstransfers (Mentoring) entwickeln und integrieren lassen.

Die Erwartungen von Mitarbeitern an ihre Vorgesetzten sind gestiegen. Werteorientierte Führung ist in aller Munde und bedeutet für jede Führungskraft, sich zu öffnen, abzuwenden von alten Führungsmethoden und den Blick über den Tellerrand zu wagen. Diese Kompetenz, das eigene Welt- und Werteverständnis zu verlassen und die Sichtweise der Mitarbeiter einzunehmen und zu verstehen, kann noch massiv ausgebaut werden. Wird der Mitarbeiter in seiner Leistungserbringung gemessen, ist er „das Geld wert“ oder wird abserviert.

Mit neuem Werteverständnis erkennen Unternehmen und Führungskräfte, dass sie es selbst in der Hand haben, „wertvolle“ Mitarbeiter zu bekommen und zu halten. Wer das erreichen möchte, muss die Unternehmenswerte klar darstellen und konsequent leben. Gleichzeitig orientieren sich diese Unternehmenswerte an den persönlichen Bedürfnissen der Mitarbeiter und müssen die Balance finden zwischen den Unternehmenszielen und einer erfüllenden Tätigkeit für jeden Einzelnen. Genau darin steckt die Schwierigkeit. Denn so wichtig Werte in unserem Leben sind, so schwer sind sie zu greifen. Werte sagen uns, ob etwas gut oder schlecht ist, was uns antreibt oder unglücklich macht. Werte geben uns Orientierung und Halt. Es drängt sich die Frage auf: Was ist uns etwas wert und wichtig? Der lateinische Begriff *valere* drückt zudem aus, gesund und stark zu sein, etwas zu gelten und Einfluss zu haben. In jedem Fall bedeutet Wert etwas Kraftvolles.

Die Tierliebhaber unter uns halten ihre Haustiere „artgerecht“. Werteorientierte – loyale – Führung lässt sich in etwa so erklären: Tiere werden ohne artgerechte Führung krank, aggressiv oder gehen sogar ein. So ergeht es uns Menschen, wenn wir keine Werte haben, an denen wir uns orientieren können, die uns Sicherheit geben. Werden die Werte und die inneren Motivatoren eines Mitarbeiters missachtet, wird er nicht die mögliche und erwartete Leistung erbringen. Er kündigt, zumindest innerlich. Dieses Verständnis können Sie sich zunutze machen.

Als Führungskraft ist man geneigt, die eigenen Wertvorstellungen auf seine Mitarbeiter zu übertragen. Die eigenen Erfahrungen, das Selbstbild als auch das Menschenbild wird in unserer Jugend geprägt. Viele innere Einstellungen nehmen wir also unbewusst in unser Arbeitsleben und unsere Führungsaufgabe mit. Gerade hier ist es wichtig, dass Führungskräfte sich diese inneren Bilder bewusst machen, verstehen und hinterfragen. Wer sich damit auseinandersetzt, öffnet sich für eine werteorientierte, loyale Führung.

3 Umsetzungsfelder für loyale Führung im Unternehmen

Und dann kommt er, der erste Kontaktpunkt zwischen Unternehmen und dem potenziellen Arbeitnehmer. Doch nicht die Firmenwebsite und deren Karriereseite, sondern das Eingabefeld der Suchmaschine ist der erste Startpunkt für eine potenzielle Mitarbeiterbeziehung – und oft leider auch schon das Ende. Dabei spielen die indirekten Anknüpfungspunkte wie Blogbeiträge, Presseartikel, Userforen, Meinungsportale und Weiterempfehlungen eine immer wichtigere Rolle. Diese kann sich ein Unternehmen nicht wie eine Stellenanzeige kaufen, sondern sie müssen verdient werden. Von veränderungswilligen Bewerbern werden also die Aussagen von Mitarbeitern im Netz als Erstes wahrgenommen. Hier zeigt sich schonungslos, welche Versprechen eines Unternehmens tatsächlich glaubwürdig sind. Das Internet ist eine überdimensionale, öffentliche Podiumsdiskussion. Hier schlägt die „Stunde der Wahrheit".

Vor diesem Hintergrund sollten sich Unternehmen und Führungskräfte vor Augen halten, dass sie nicht nur eine wirtschaftliche, sondern auch eine soziale Funktion innehaben, die von der Öffentlichkeit immer stärker eingefordert wird. Daher ist es sinnvoll, zuerst die internen Strukturen, die Führungskultur und das Betriebsklima zu untersuchen und zu optimieren.

3.1 Recruiting: Passgenaue Personalgewinnung als Erfolgsaussicht für die Zukunft

Die 2017 erhobenen Zahlen im Mittelstandsbarometer von Ernst & Young[15] können Sie sicherlich für Ihr Unternehmen in etwa bestätigen:

- Mehr als die Hälfte der Mittelständler (59 %) sind mit ihrer Geschäftslage zufrieden – im Schnitt noch 3 % mehr als im Vorjahr.
- Auch der Blick in die Zukunft ist positiv: 38 % erwarten, dass sich die Auftragslage im kommenden Jahr weiter erhöht – auch hier eine Steigerung im Vergleich zum Vorjahr.
- Jeder dritte Mittelständler plant, seine Gesamtinvestitionen deutlich zu steigern – ein Zuwachs von 6 %.
- Ebenfalls jeder dritte Mittelständler plant, neue Stellen einzurichten.

Die Rekrutierung von Fachkräften stellt heute nahezu alle Mittelständler vor große Herausforderungen. Den Engpass haben Sie möglicherweise selbst vor Augen: Das stetig hohe Auftragsvolumen bedarf mehr Personalkapazität als vorhanden. Da alle im Unternehmen anpacken müssen, bleibt wenig Zeit für strategische Überlegungen in Richtung Personalaufbau und Prozessoptimierung. Ihre Umsatzeinbußen durch Mitarbeitermangel zermürben Sie. Es ist wie beim Hamster im Rad oder wie beim Autofahren mit angezogener Handbremse.

Die Erkenntnis, dass das Erreichen von Zielen wie Markteroberung, Renditesteigerung und Wachstum unmittelbar mit der Mitarbeitertreue und -bindung zusammenhängen, birgt eine Riesenchance für Sie, sich von der Vielzahl der Betriebe abzuheben und damit Ihren eigenen Gegentrend zu entwickeln.

---

[15] https://www.ey.com/Publication/vwLUAssets/ey-mittelstandsbarometer-januar-2018/$FILE/ey-mittelstandsbarometer-januar-2018.pdf (Stand: 8.4.2019)

aufgeschlüsselt nach Branchen:

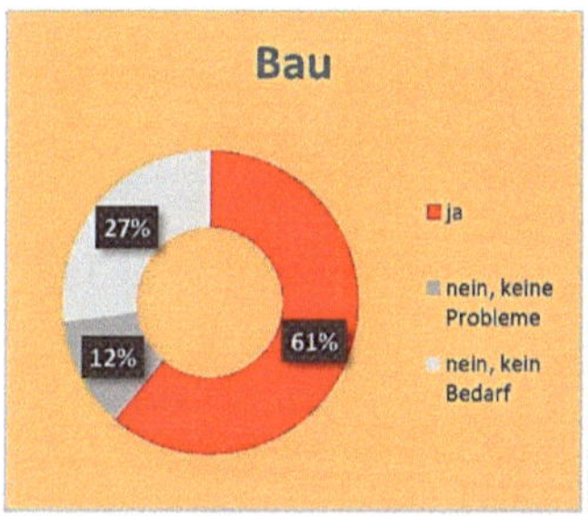

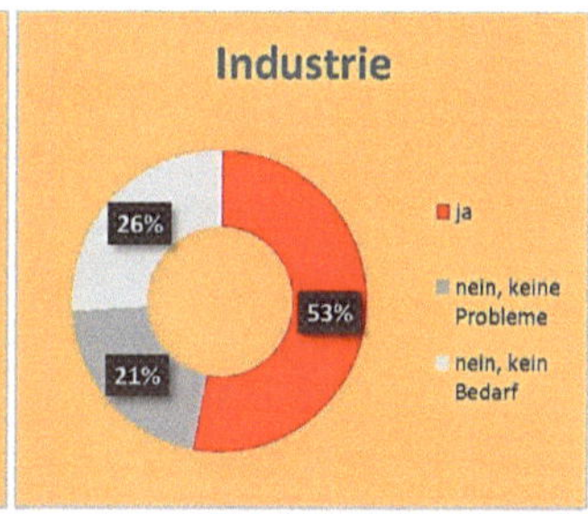

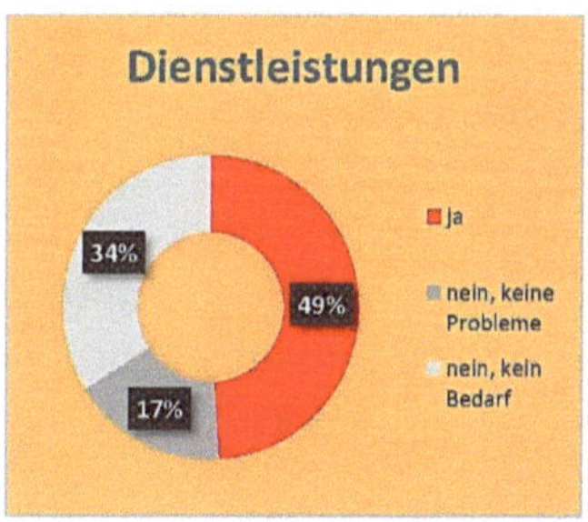

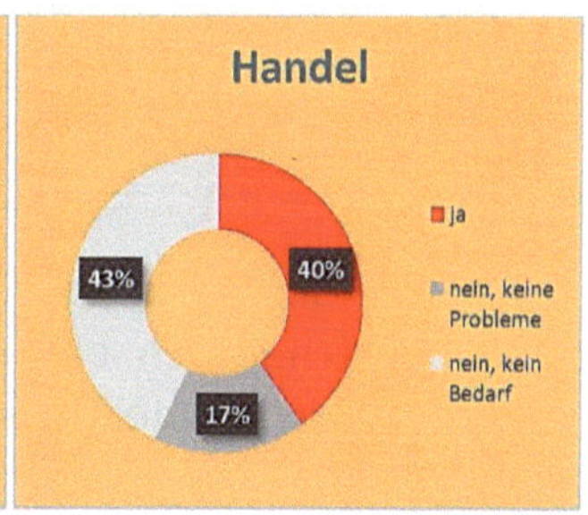

Quelle: DIHK-Arbeitsmarktreport 2019

Deshalb lautet die neue Antwort auf Mitarbeiterbedarf: Lassen Sie Ihre Kandidaten entscheiden.

Der größte Schritt dahin passiert in Ihrem Kopf, alles Weitere ist nur Umsetzung.

Ihre Einstellung zum Unternehmen entscheidet über dessen Zukunft. Malen Sie es sich aus! Wenn Sie jetzt eine initiative Ansprache von Kandidaten starten, erzeugen Sie sofort ein neues Level Ihrer Arbeitgeberattraktivität.

Das heißt: Sie wechseln ab sofort die Perspektive und schauen als potenzieller Bewerber auf Ihr Unternehmen: Mit welchen Punkten können und wollen Sie Ihr nächstes Talent überzeugen? Ist es Ihr Führungsstil? Sind es Ihre flexiblen Arbeitsmodelle? Ist Ihr Teamgeist das Nonplusultra für die bestehende Gemeinschaft?

An dieser Stelle kommt Loyalität zum Zug. Denn Loyalität ist nicht nur das beste Bindemittel, um Mitarbeiter im Unternehmen zu halten, sondern auch zu gewinnen. Genau diese Haltung wird von Arbeitnehmern gesucht.

Über das Mindset hinaus heißt Loyalität auch Zusammenarbeit auf Augenhöhe. Um diese Ebenbürtigkeit auszudrücken, zeigen Sie schon bei der Kontaktaufnahme, dass Sie jeden Kandidaten individuell sehen, wahrnehmen und schätzen. Das bedeutet, sich im Recruiting von Massenmails zu verabschieden. Sie legen Wert auf 1:1-Kontakt.

Der erste, nach außen sichtbare Schritt sind ehrliche Inhalte, die authentische Einblicke ins Unternehmen erlauben. Um auserlesene Kandidaten für ein persönliches Interview zu gewinnen, sollen Herz und Verstand und am besten alle Sinnesorgane Ihrer Wunschkandidaten angesprochen werden.

Um eine große Reichweite zu erzielen, eignet sich ein Recruitingvideo bestens. Damit erreichen Sie in der Personalrekrutierung unmittelbar mehr Dynamik, denn je dichter Sie die Atmosphäre in Ihrem Unternehmen zusammen mit den relevanten Fakten in einem sympathischen und einladenden Video rüberbringen, desto gezielter fühlen sich Kandidaten angesprochen, die Ihrer Werteorientierung und Ihrem Anforderungsprofil entsprechen.

Die Verbreitung von Unternehmensvideos ist teilweise auf der Website für Kunden bzw. auf der Karrierewebsite für (angehende) Mitarbeiter sinnvoll. Eine zu hohe Anzahl bzw. Dauer von Videos hingegen verzögert die Ladezeiten der Seiten. Aus diesem Grund ist es wichtig, daneben auch einen Kanal bei Youtube und/oder Vimeo zu betreiben.

Sind diese Kanäle gepflegt, eignen sich weitere soziale Medien zur Streuung der Inhalte. Ganz vorn dabei sind Facebook, Instagram und LinkedIn, mit der Einbindung von Links eignet sich auch XING. Teilweise bieten diese Plattformen nützliche Zusatztools wie die zielgruppengerechte Ausstrahlung der Beiträge. Auch Onlinejobbörsen spielen eine Rolle. Je nach Branche empfehlen sich unterschiedliche Plattformen und Vorgehensweisen.

TIPP: Wenn Sie Ihr Recruitingvideo professionell produzieren lassen, können Sie mehrere kurze Clips auch einzeln zum „Anteasern“ verwenden. Leicht hergestellt sind Livestreams von Ihren Mitarbeitern bei der Arbeit, die Ihre Recruitingkampagne wirksam unterstützen können.

Findet das intelligent gestreute Video Resonanz, wird geradewegs auf Ihre eigens für heutige und zukünftige Mitarbeiter entworfene Karrierewebsite geleitet, wo passend zu Ihrem Recruitingideo weitere Livestreams eingebunden sind. Diese sollten, eingebettet in die Kernaussagen Ihrer Philosophie, durch Statements Ihrer Mitarbeiter untermalt sein. Damit bieten Sie potenziellen Bewerbern alle Auskünfte, die neugierig auf den Einstieg in Ihre Karrierewelt machen. Bei der Gestaltung Ihrer Aussagen achten Sie bitte auf branchen- und zielgruppengerechte Sprache und Bilder.

TIPP: Durch die Einbeziehung Ihrer Mitarbeiter in das Recruiting erzeugen Sie Glaubwürdigkeit und Nähe zu potenziellen Bewerbern und haben in ihnen gleichzeitig Markenbotschafter. Viel schneller können sich neue Kandidaten so mit Ihrem Team und Ihrer Kultur auseinandersetzen und identifizieren. Mit Blick auf den Aufbau von Loyalität bedeutet dies einen wesentlichen Vorsprung für das Vertrauen, das Ihrem Unternehmen entgegengebracht wird.

Sind alle Pluspunkte genannt? Dann geht es als Nächstes darum, die vielen interessierten Menschen mit noch mehr Inhalten auf Ihre attraktive Karrierewebsite aufmerksam zu machen. Gerade durch Ihre Mitarbeiter machen Sie Ihr Unternehmen nahbar und erfahrbar. Stellen Sie ein kleines Team für diese Kanäle zusammen, das regelmäßig 1-2 Stunden pro Woche in die Social-Media-Arbeit investiert. Lassen Sie Ihre Mitarbeiter berichten, zum Beispiel in einem Blog oder Vlog (Video-Blog). Erlauben Sie Livestreams innerhalb bestimmter Aufgabengebiete, die einen tieferen Einblick ins Unternehmen und in die Tätigkeiten gewähren. Auf diese Weise bauen Sie sich mittelfristig einen Interessentenpool auf, den Sie später bei akutem Personalbedarf direkt kontaktieren können. Der Vorteil ist, dass hier schon Berührungspunkte und erstes Vertrauen zu Ihrem Betrieb bestehen und Sie bei der Personalsuche nicht bei Null anfangen müssen.

Überaus sinnvoll sind zusätzliche Veranstaltungen, um Ihr Unternehmen live zu erfahren. Hier können potenzielle Kandidaten Ihr Unternehmen durch Sehen, Hören, Fühlen und Erleben umfassend wahrnehmen. Sorgfältig vorbereitet und gut durchgeführt sind solche persönlichen Begegnungen erfahrungsgemäß am wirkungsvollsten.

Außerdem ziehen Sie mit Events praktisch Ihr Assessment in die unverfängliche Kennenlernphase vor. Hier kann von beiden Seiten neugierig geschnuppert und unverbindlich nachgefragt werden: „Ist dieses Unternehmen/dieser Bewerber was für mich?“

3.2 Mit Auszubildenden in die Zukunft

Insbesondere wenn Sie auf der Suche nach geeigneten Auszubildenden sind, sollten bestehende jüngere Mitarbeiter für die Nachwuchsgewinnung ins Boot geholt werden. Die typischerweise medienaffinen Youngsters haben Spaß daran, sich auszuprobieren und zu filmen. Nutzen Sie diesen frischen Spirit, der auf Ihr Unternehmen als Arbeitgeber übergeht: Ihr Unternehmen zeigt sich offen für neue Ideen und Technologien und unterstützt den „Erfindergeist“ im Team. Fördern Sie Ihren Nachwuchs, indem Sie ihm das nötige Equipment zur Verfügung stellen, um professionelle Ergebnisse zu erzielen.

Wege zum passenden Auszubildenden

3.3 Ihr erfolgreicher Weg zum passenden Mitarbeiter

Beginnen Sie mit einigen Fragen zur Reflexion:

- Wer ist Ihr Wunschkandidat?
- Welche Qualifikationen sollte Ihr neuer Mitarbeiter mitbringen?
- Wie lebt diese Person, wie tickt sie und was zeichnet sie aus?

Es ist hilfreich, für jede ausgeschriebene Stelle in Ihrem Unternehmen eine Persona (fiktive Person) zu erstellen, die Ihrem Ideal am nächsten kommt. Stellen Sie sich bis ins kleinste Detail vor, wie Ihr Wunschkandidat sein soll. Das Ziel ist es, Empathie für diese Persona zu entwickeln und so die Wünsche, Sorgen und Bedürfnisse wirklich zu verstehen, um dann als Unternehmen schon proaktiv Lösungen zu entwickeln. So kann es gelingen, dass der entsprechende Kandidat für das Unternehmen gewonnen werden kann. Die Bindung an das Unternehmen kann dadurch schon vom ersten Moment an gefördert werden.

Als Nächstes schaffen Sie Berührungspunkte zu Ihren Wunschkandidaten, zum Beispiel mit einem Informationsstand in Universitäten, Berufsschulen, auf Karrieremessen, in Form einer Hausmesse oder Roadshow, mit speziellen Mitarbeiterbroschüren und mit dem Content Marketing und Storytelling Ihrer bestehenden Mitarbeiter. Sorgen Sie für adäquate Auftritte online und offline.

Prüfen Sie für Ihr Unternehmen:

- Wo und wie kann Sie ein potenzieller Bewerber finden?
- Welche Möglichkeiten bieten Sie außer Ihrer Website, um online auf Ihr Unternehmen aufmerksam zu werden? Haben Sie eine eigene Karrierewebsite?

- Was können Sie noch ausbauen und verstärken, um als attraktiver Arbeitgeber wahrgenommen zu werden?

Werden Sie aktiv, um schon einen Interessentenpool an potenziellen Bewerbern aufzubauen, bevor Stellen vakant werden.

Und bedenken Sie: Rekrutierung ist heute auch Marketing.

Für ein strukturiertes Bewerbungsmanagement eignen sich digitale Tools wie die R.V.S. App von VALSYS.

So entgehen Sie der Gefahr von subjektiven Einschätzungen zur Eignung einer Person.

Bewerber werden auch bei unterschiedlichen internen Interviewpartnern objektiv „bewertet" und können sich sogar mit einer Selbsteinschätzung einbringen.

Zur Bindung des Mitarbeiters gehört auch die Aufgabenbindung. Gerade die zu ihm passenden Aufgaben sind auch ein Entscheidungskriterium dafür, ob ein Mitarbeiter sich bewirbt (= Bewerbungs-/Eintrittsanreiz), ob er im Unternehmen verbleibt und ob er sich engagiert. Die Zuteilung dieser Aufgaben (unabhängig von der Stellenbeschreibung) liegt vor allem in der Hand der Führungskraft, die nach Arbeitsantritt und in Hinblick auf das gesamte Team die anfallenden Tätigkeiten explizit zuweist.

Anforderungsprofile und Ziele

- Denken Sie 2 bis 3 Stunden über die Anforderungen an den neuen Mitarbeiter nach.
- Entwickeln Sie dabei messbare und machbare Zielformulierungen.
- Vermeiden Sie Allgemeinplätze wie Teamfähigkeit, Einsatzbereitschaft, Flexibilität.

Netzwerk aktivieren – Talente entdecken

- Gute Leute empfehlen gute Leute!
- Die besten Mitarbeiter finden Sie nicht über Anzeigen und Internetportale, sondern über Netzwerke.
- Sorgen Sie für eine gute Mundpropaganda!

Personalfragebogen zuschicken

- Haben Sie Kandidaten gefunden? Glückwunsch!
- Um die Bewerber besser vergleichen zu können, schicken Sie ihnen einen standardisierten Fragebogen.
- So trennt sich die Spreu vom Weizen.

telefonisches Bewerberinterview

- Nehmen Sie sich 30 Minuten Zeit für ein strukturiertes Telefonat.
- Dies schafft z. B. Klarheit über Karriereziele der Bewerber und ihre Stärken und Schwächen.
- Idealerweise redet der Bewerber 80 % und der Interviewer 20 % der Zeit.

Erstes Interview/ Persönlichkeits-profil

- Führen Sie gemeinsam oder auch nacheinander das Bewertungsgespräch durch
  - den Chef,
  - den besten Facharbeiter, um Kompetenzen zu prüfen und mögliche Teamarbeit zu testen, und
  - einen Personalexperten.

Referenzen einholen

- Warum gibt der Bewerber gerade diese Referenzen an?
- Welche ehemaligen Chefs lässt er lieber außen vor und warum?
- Klären Sie solche Fragen in einem umfassenden Gespräch mit Referenz-personen.

Entscheidungen treffen

- Wie passt jeder einzelne Bewerber ins Team?
- Welche besonderen Fähigkeiten bringt er mit, die im Team bisher vielleicht fehlen?
- Beurteilen Sie sowohl die fachlichen Qualifikationen als auch den Charakter umfassend.

Bewerber "gewinnen"

- Begeistern Sie den Bewerber für das Unternehmen.
- Womit können Sie Ihren Wunschkandidaten am ehesten locken?

3.4 Onboarding: Einarbeitung und Integration neuer Mitarbeiter

Die Onboardingphase bis zur Identifikation des neuen Mitarbeiters mit der Firma dauert etwa so lange wie die Probezeit. In diesem Zeitraum lernt der Neuankömmling die Menschen und Gepflogenheiten im Unternehmen kennen und bekommt Gelegenheit, sich mit den Werten, der Kultur und den Arbeitsabläufen im Unternehmen vertraut zu machen.

Gerade die erste Zeit im Unternehmen entscheidet über die spätere Leistung, Zufriedenheit und Bindung des neuen Mitarbeiters. Mit klaren Handlungsanweisungen kann ein neuer Mitarbeiter im ersten Monat besonders intensiv eingearbeitet werden – und Sie legen damit den Grundstein für den gesamten Integrationsprozess.

Jeder fünfte Mitarbeiter kündigt innerhalb der ersten 45 Tage seinen neuen Arbeitsplatz. Aus diesem Grund empfiehlt es sich, Onboardingprozesse zu standardisieren. Individuelle, an den einzelnen Mitarbeiter angepasste Maßnahmen stehen dazu nicht im Widerspruch. Denn wer ein strukturiertes Onboarding durchläuft, bleibt zu 69 % drei Jahre länger im Unternehmen.[16]

Die Checklisten (siehe Anhang) navigieren Sie durch die Vorbereitungsphase vor der Ankunft Ihres neuen Mitarbeiters und optimieren die entscheidenden ersten 30 Tage.

In einem strukturierten Handout stehen zusammengefasst alle wichtigen Informationen zu Ihrem Unternehmen. Der Arbeitsplatz sollte am ersten Arbeitstag fertig eingerichtet sein und Ihrem Neuankömmling angenehm ins

---

16 BambooHR, What People Really Want From Onboarding, https://www.bamboohr.com/blog/onboarding-infographic/ (Stand: 8.4.2019)

Auge fallen. Der Einarbeitungsplan und ein fester Ansprechpartner sollten bis dahin ebenfalls feststehen.

Haben Sie für Ihren Neuen ein Willkommenspaket gestaltet? Gibt es einen Imagefilm? Sind die Visitenkarten gedruckt und die Vision und Leitlinien Ihres Unternehmens ansprechend zusammengestellt? Auch unternehmensinterne Regeln, Gepflogenheiten und Termine, Sicherheitsrichtlinien, Schlüssel und Zugangspässe sowie das Organigramm gehören dazu.

Tipp: Wie verbringt Ihr neuer Mitarbeiter seine Pausen? Wichtiger Aspekt: Der neue Mitarbeiter soll in der ersten Arbeitswoche so viele Kollegen wie möglich kennenlernen. Hat er sich schnell ein Netzwerk aufgebaut, festigt das die Bindung. Aus diesem Grund gestalten Sie die Pausen des neuen Mitarbeiters in einem angenehmen Rahmen.

Über den Zeitraum der Probezeit sind außerdem diese Elemente wichtig:

- Einarbeitung in Abteilungen, Projekte, Produkte, Aufgaben – am besten mit Hilfe von Einführungsveranstaltungen.
- Welches Wissen braucht Ihr Neuankömmling in Zukunft? Die Aussicht auf eine professionelle Weiterbildung ist ein Benefit (und Köder) für anspruchsvolle Fachkräfte.
- Außentermine wahrnehmen: Nicht nur nach innen soll die Integration gelingen, auch nach außen. Bei einem gemeinsamen Besuch bei Kunden, von Konferenzen und Messen erleben Sie Ihren Neuzugang zudem in Aktion.

- Bedenken Sie beim Einarbeiten, dass neue Mitarbeiter am besten in der Praxis lernen: 75 % durch praktische Erfahrungen, 50 % durch Diskussion/Erklärungen, und nur 10 % durch Lektüre.[17]

3.5 Top-10-Praxistipps für den Onboardingprozess

Zusammenfassend sind hier die Top-10-Praxistipps für die Einarbeitung und Integration Ihrer neuen Mitarbeiter:

1. Bereiten Sie Meetings und Einarbeitungstermine rechtzeitig vor der Ankunft neuer Mitarbeiter vor. Vorausschauende Planung zeigt neuen Mitarbeitern, dass Sie sie schätzen und sich auf sie freuen.
2. Seien Sie für die neuen Mitarbeiter da. Planen Sie in der ersten Woche täglich und anschließend nach Bedarf kurze persönliche Besprechungen mit neuen Mitarbeitern ein. So können sie Fragen stellen und wissen, dass sie unterstützt werden.
3. Unterschätzen Sie nicht, wie wichtig ein Mentor ist. Ernennen Sie einen Mitarbeiter aus dem Team zum Mentor, der den Neuling in den ersten Monaten im neuen Job sozusagen an die Hand nimmt.
4. Stellen Sie für den neuen Mitarbeiter klar, dass sein erster Arbeitstag kein ganz normaler Tag für Sie ist. Begrüßen Sie den Neueinsteiger mit kleinen Aufmerksamkeiten und geben Sie ihm das Gefühl, bereits ein Teil des Teams zu sein.

---

[17] Chronus, How to Make Your Employee Onboarding Program Strategic and Effective, https://chronus.com/resources/make-employee-onboarding-program-strategic-effective (Stand: 8.4.2019)

5. Beziehen Sie den neuen Mitarbeiter von Anfang an mit ein. Vermitteln Sie klar und deutlich, wie das Programm der ersten Woche aussieht. So weiß der neue Mitarbeiter, was auf ihn zukommt.
6. Kommunizieren Sie dem neuen Mitarbeiter ganz klar seine Position, seine Aufgaben und Ihre Erwartungen. Halten Sie diese Punkte schriftlich fest und schlüsseln Sie sie auch mündlich auf.
7. Überfordern Sie den neuen Mitarbeiter nicht in strapaziösen achtstündigen Orientierungsveranstaltungen mit einer Fülle an Informationen. Konzentrieren Sie sich auf die wichtigsten persönlichen Trainings und stellen Sie zusätzliches Material bereit, das der neue Mitarbeiter im Laufe der nächsten drei Monate im eigenen Tempo durchgehen kann.
8. Kündigen Sie den neuen Mitarbeiter an und stellen Sie ihn den Kollegen vor. So kann der Neue Beziehungen am Arbeitsplatz knüpfen – das ist essenziell für seine Integration im Unternehmen.
9. Die erste Aufgabe kann die wichtigste sein. Stehen Sie dem neuen Mitarbeiter mit Rat und Tat zur Seite und bestärken Sie ihn, damit er seine Rolle erfolgreich ausführen kann. Arbeiten Sie zusammen an einer Aufgabe und nehmen Sie sich anschließend Zeit für die Bewertung. Besprechen Sie, was funktioniert hat und was nicht. Klares Feedback am Anfang der Beziehung wird sich langfristig auszahlen.
10. Organisieren Sie Teambuildingmaßnahmen wie ein Begrüßungsmittagessen, die die Integration des neuen Mitarbeiters in das Team unterstützen. Planen Sie unbedingt Veranstaltungen ein, die das Gemeinschaftsgefühl im Team stärken.

Mangel an Weiterbildung für Führungskräfte

Fragestellung an Führungskräfte:
Haben Sie in den letzten 12 Monaten an einer Weiterbildung teilgenommen, um Ihren Umgang mit Mitarbeitern zu verbessern?

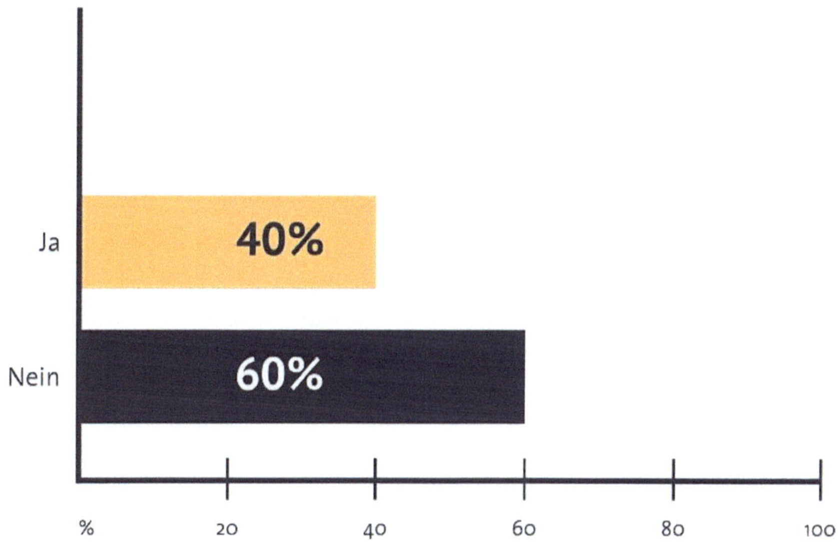

Gallup Engagement Index 2016
Basis: Führungskräfte ab 18 Jahre in der Bundesrepublik Deutschland
Stichprobe: 1.413 Arbeitnehmer*innen wurden im Zeitraum Februar/März und Oktober/Dezember 2016 befragt
Quelle: Gallup GmbH, Deutschland, www.gallup.de

3.6 Mentoring: Tandemsysteme zur Mitarbeiterentwicklung

Fehlt es hinter den Firmentoren tatsächlich am Miteinander und gegenseitiger Loyalität, sind die Mitarbeiter die Einzigen, die in unserer vernetzten Gesellschaft in der Lage sind, den Ruf wieder gerade zu rücken, Vertrauensverluste wiedergutzumachen und für neues Vertrauen zu sorgen. Wenn Sie das bei Ihren Mitarbeitern erreichen wollen, sorgen Sie intern für ein positives Beziehungsmanagement – und geben Sie Ihren Leuten Gesprächsstoff an die Hand, um sie als Fürsprecher für Ihr Unternehmen zu gewinnen.

Mitarbeiterentwicklung ist aus verschiedenen Gründen zu einem der wichtigsten Zukunftsfaktoren für Unternehmen geworden. Zum einen bedingt durch die demografische Entwicklung, weil in absehbarer Zeit nicht mehr genügend qualifizierte Arbeitnehmer zur Verfügung stehen werden. Zum anderen ist es weniger aufwendig, wenn Führungspositionen durch „hausgemachte" weitergebildete Mitarbeiter besetzt werden, weil bei ihnen schon die Vertrauensbasis gelegt ist und die richtige – loyale – Einstellung zum Unternehmen und dem Team besteht. Auf diese Art geht vorhandenes Wissen nicht verloren. Es stellt sogar einen Wettbewerbsvorteil und Vorsprung dar, wenn Unternehmenswissen nicht durch die Rekrutierung externer Kräfte immer wieder neu aufgebaut werden muss.

Der Trend in der Unternehmensstruktur geht eindeutig weg vom hierarchischen System und hin zu mehr Selbstführung. Indem die Mitarbeiter in ihrer Eigenverantwortung gestärkt und, begleitet durch Coachingprogramme, im Selbstlernen gefördert werden, wird das Unternehmen vertikal in der gesamten Organisationsstruktur gestärkt.

Wie viel kostet es Sie, ein absolutes Talent zu gewinnen oder einen guten Mitarbeiter zu verlieren? Die Optimierung Ihrer Führung kostet Sie nichts.

Durch das Erkennen und die Förderung des Potenzials der Mitarbeiter fühlen sich diese als Person wertgeschätzt und als kompetent wahrgenommen. Natürlich heißt das nicht, sie zu überfordern. Wird zu viel von einem Mitarbeiter verlangt, wird er sich mit großer Wahrscheinlichkeit in die entgegengesetzte Richtung entwickeln. Aus diesem Grund empfehle ich begleitende Coaching-Gespräche, die die Sachlage und den Gefühlsstatus des Mitarbeiters reflektieren. Diese Form der Mitarbeiterentwicklung fördert die Motivation und die positive Einstellung zum Arbeitgeber – und das kommt dem gesamten Unternehmen zugute. Sheffielder Forscher wiesen 2011 nach, dass die Loyalität der Mitarbeiter das Unternehmen stärkt und zu einem ausgewogenen Arbeitsklima beiträgt.[18]

Die Erfahrung zeigt, dass Unternehmen viel Geld ausgeben, um die besten Talente für sich zu gewinnen. Doch wie viel investieren Sie, um diese Mitarbeiter zu halten?

Aktuelle Studien zeigen: Scheiden tut weh.

- 38 Tsd. Euro kostet der Ersatz eines Mitarbeiters im Durchschnitt.
- 8 Monate dauert es, bis ein neuer Mitarbeiter produktiv arbeitet.
- 54 % der Angestellten denken über einen Jobwechsel nach.

---

18 Brown, Sarah, McHardy, Jolian, McNabb, Robert, Taylor, Karl: Workplace Performance, Worker Commitment and Loyalty, 2011, http://ftp.iza.org/dp5447.pdf (Stand: 8.4.2019)

Falls es bei Ihnen nicht so läuft wie gewünscht, sind Sie in großer Gesellschaft: Mehr als 50 % aller Unternehmen weltweit haben Probleme, ihre Mitarbeiter zu halten. Wenn das bei Ihnen zukünftig anders sein soll, hilft eine grundlegende Erkenntnis: Mitarbeiter kündigen nicht ihren Job, sondern ihrem Vorgesetzten.

Die Führungskraft als möglicher Auslöser einer Kündigung nach dem Grad der emotionalen Bindung

Fragestellung:
Haben Sie innerhalb der vergangenen 12 Monate aufgrund Ihres/Ihrer direkten Vorgesetzten daran gedacht, Ihr derzeitiges Unternehmen zu verlassen?

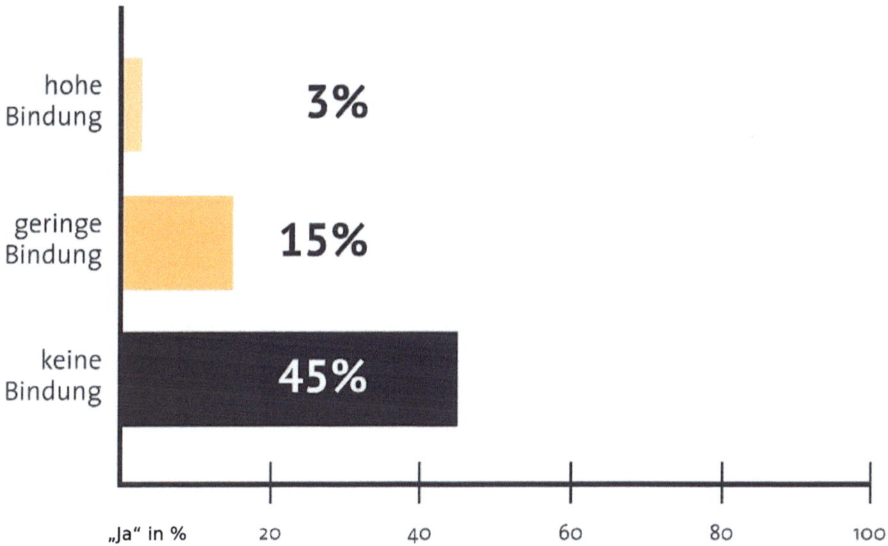

Gallup Engagement Index 2016
Basis: Arbeitnehmer*innen ab 18 Jahre in der Bundesrepublik Deutschland
Stichprobe: 1.413 Arbeitnehmer*innen wurden im Zeitraum Februar/März und Oktober/Dezember 2016 befragt
Quelle: Gallup GmbH, Deutschland, www.gallup.de

Eine Randstad-Umfrage hat die „Todsünden“ in der Führung entlarvt:

- 39 % Micromanagement (übertriebene Detailorientierung)
- 22 % niemals zufrieden
- 16 % unorganisiert
- 14 % Besserwisser
- 9 % ungeduldig

Vielleicht finden Sie sich oder jemanden aus Ihrer Führungsriege in der Auflistung wieder?

Mentoring ist eine zusätzliche Form der Personalentwicklung: Sie stellen Ihrer jungen, vielversprechenden Arbeitskraft einen erfahrenen Mentor zur Seite. Durch die intensive Beziehungsförderung zwischen Alt und Jung, Profi und Amateur, wird der Wissenstransfer in Ihrem Unternehmen gesichert sowie die Mitarbeiterbindung untereinander und durch die gemeinsame Mission zum Unternehmen gefördert. Dadurch werden Ihre Arbeitsabläufe effektiver und das Innovationsmanagement ausgebaut.

Ihre Führungskräfte bauen ihre Führungskompetenz aus, so dass sie wiederum die Potenziale ihrer Mitarbeiter zu erkennen und zu nutzen lernen. Das ermöglicht ihnen, ihre Teams durch standardisierte Prozesse einfacher zu führen und sich Freiraum für weitere relevante Aufgaben zu schaffen.

Die Mitarbeiterbindung soll so gestärkt werden, dass man von Mitarbeitertreue sprechen kann: Ein loyaler Mitarbeiter, der sich stark mit dem Unternehmen identifiziert, wird sich insgesamt stärker engagieren und von sich aus Markenbotschafter nach außen sein und dadurch passende Bewerber anziehen.

Auch die Strukturierung von Karriere- und Entwicklungsplänen, die Ihren Mitarbeitern im Anschluss an die Integrationsphase klare, an den Unternehmenszielen gemessene Zielvorgaben setzen, gehört in das Mentoringprogramm.

Feedbackgespräche bzw. Supervision sind Standards, die Ihre Mitarbeiter ermutigen, Verantwortung für ihren Aufgabenbereich und ihre eigene Entwicklung zu übernehmen. Wenn Sie wollen, dass sich Ihr Mitarbeiter verbessert, muss er bereit sein, Ihre Kritik anzunehmen. Dosieren Sie Ihre Rückmeldungen deshalb so, dass sie sich nachvollziehen und verdauen lassen. Bedenken Sie: Für Ihre Mitarbeiter kann jeder Aspekt, den Sie ansprechen, eine völlig neue Information sein. Die Daumenregel lautet daher, nur ein bis zwei Kritikpunkte pro Gespräch. Mehr kann in einem nächsten Termin geklärt werden.

Vor allem sollte ein Feedbackgespräch ein echtes Gespräch sein. Um einer einseitigen Predigt vorzubeugen, sollte zuerst nachgefragt werden, ob Ihr Mitarbeiter offen für ein Feedback ist. Beim Beschreiben des Verhaltens fokussieren Sie eine konkrete Situation und sind dabei ehrlich und konstruktiv. Machen Sie auch die Auswirkungen sachlich deutlich. Klären Sie mit dem Mitarbeiter, was er tun könnte, um ein Verhalten oder Ergebnis künftig zu ändern. Fragen Sie auch, wie Sie ihn dabei unterstützen können und was er braucht, um die Veränderung wirklich zu erreichen.

3.7 Mitarbeiterentwicklung durch gezielte Gespräche

Tipps für Mitarbeitergespräche

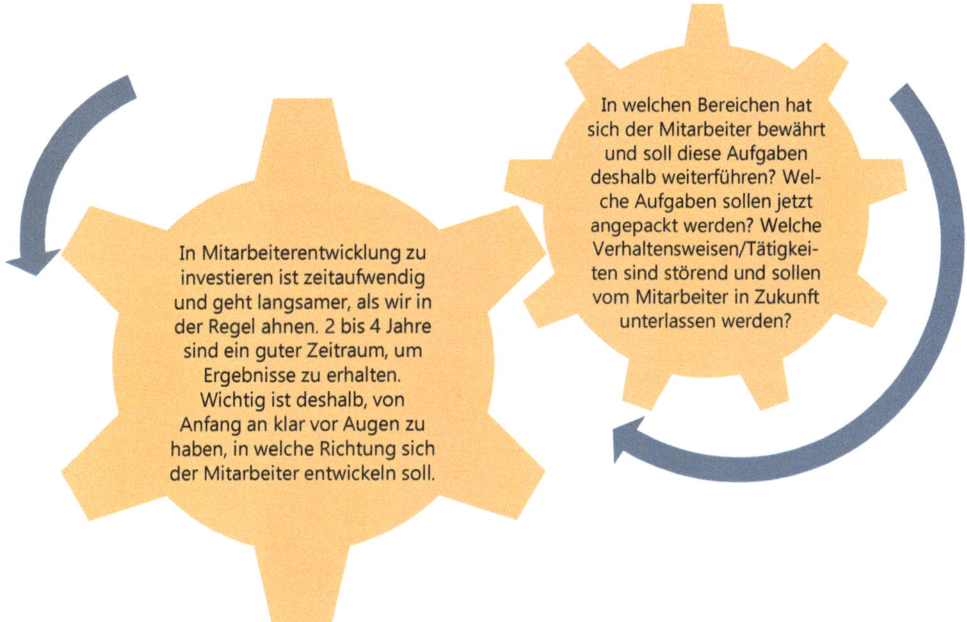

Ein weiterer, separater Bereich der Mitarbeiterentwicklung ist die Veränderung und Verbesserung der Teamkultur. Die Herausforderungen hierfür setzen sich aus mehreren Elementen zusammen: Es gibt immer einen Bedarf an Integration unterschiedlicher Perspektiven wie Sprache, Fachbereich und Kultur, genauso wie verschiedene Auffassungen bezüglich des Teamziels, geeigneter Lösungen sowie Aufgaben und Verantwortlichkeiten. Dabei ist es wichtig, das Spannungsfeld zwischen Delegation und Kontrolle auszuhebeln und Hemmnisse in Bezug auf Wissensweitergabe abzubauen. Sind diese Schritte gegangen, kann das Zugehörigkeitsgefühl wachsen und eine Teamidentität und gemeinsame Regeln entwickelt werden.

3.8 Einflussfaktoren auf die loyale Zusammenarbeit

Die wichtigsten Einflussfaktoren auf die Zusammenarbeit und damit auf die Loyalität im Team sind:

- Art und Intensität der Kommunikation zwischen den Teammitgliedern
- Art und Güte der Konfliktlösungen
- Zufriedenheit und Motivation der Teammitglieder
- Effizienz von Entscheidungsprozessen
- hierarchische Strukturen innerhalb des Teams
- gemeinsame Wertvorstellungen
- gemeinsame Ziele
- Intensität der gegenseitigen Unterstützung bei der Aufgabenerfüllung
- geschriebene und ungeschriebene Spielregeln
- Fähigkeit zur Problemlösung
- Fluktuation der Teammitglieder
- Integrationsfähigkeit des Teams für neue Mitglieder
- Fehlerkultur: Umgang mit Fehlern und Lernstruktur
- Grad der Identifikation der einzelnen Mitarbeiter mit dem gesamten Team
- persönliche Sympathie zwischen den einzelnen Mitarbeitern
- Bezahlung: Vergütungsstruktur innerhalb des Teams
- Leistungen und Fehlleistungen: Bonus-/Malus-Regelungen
- Innovationsfähigkeit

- Wirksamkeit im Unternehmen: wirtschaftliche Leistung des Teams im Unternehmen
- Klarheit über die Arbeitsteilung und Verantwortungen innerhalb des Teams

Diese Faktoren gilt es im Teamworkshop zu beachten und zu behandeln, um sie daraufhin in einen Teamkodex zu übersetzen.

In vielen ISO-zertifizierten Unternehmen gibt es bereits eine Basis für die Pflege der Teamkultur. Um diese für die loyale Führung und Zusammenarbeit nutzen zu können, fehlt jedoch vielfach die Adaption auf die einzelnen Sparten und Abteilungen. Insbesondere für dezentrale Organisationen sollte das Augenmerk schon während des Veränderungsprozesses gezielt dorthin gelegt werden.

3.9 Wie Sie Mitarbeiterloyalität fördern

CEOs bleiben in ihrer Position im Unternehmen im Durchschnitt fünf Jahre lang, bei Führungskräften beträgt die Ausdauer nur zwei Jahre. Der Wechsel ist normal geworden und über jeder Stellenbesetzung schwebt eine permanente Vorläufigkeit. Kein Wunder, dass sich das auf die Teamkultur und die Mitarbeiterloyalität auswirkt.

Sven Gábor Jánszky und das Fraunhofer-Institut leiten aus dieser Entwicklung zwei grundsätzliche Entwicklungsrichtungen für Unternehmen ab: Organisationen werden entweder zu „Caring Companies“ oder zu „fluiden Unternehmen“.

Caring Companies beschäftigen zum Großteil Festangestellte und versuchen mit allen Mitteln, diese an Bord zu behalten. Die Aktivitäten zur Mitarbeiterbindung sollen gleichzeitig die Fluktuation auf ein Minimum reduzieren. Die Kernfrage dabei lautet: Wie machen wir unsere Firma nicht nur dauerhaft leistungsfähig, sondern auch lebenswert, liebenswert und loyalitätswürdig?

Fluide Unternehmen hingegen haben einen geringen Anteil fester Beschäftigter neben vielen befristeten Arbeitsverhältnissen. Auch hier muss Loyalität aufgebaut werden, zumindest für die Dauer der Zusammenarbeit und mit dem Ziel, die Besten für neue Projekte in der Zukunft wieder gewinnen zu können. Hier lautet die Kernfrage: Wie machen wir unsere externen Mitarbeiter nicht nur schnellstmöglich leistungsfähig, sondern auch zu Fans und Multiplikatoren am Markt?

Mitarbeiterloyalität definiert sich durch

- freiwillige, anhaltende Treue
- hohes Engagement und Freude an der Arbeit
- Ambitionen und „unternehmerisches" Handeln
- Identifikation und emotionale Verbundenheit
- aktive positive Mundpropaganda

Stellen Sie sich daher diese Fragen:

- Was können Sie tun, um die Loyalität Ihrer Mitarbeiter zu stärken?
- Was müssen Sie vermeiden, damit ungewollte Fluktuation gar nicht erst entsteht?
- Welchen Einfluss haben Ihre unmittelbaren Führungskräfte auf die Entwicklung von Mitarbeiterloyalität?

- Durch welche Angebote kann die Produktivität in Ihrem Unternehmen gesteigert werden?
- Wie kann die biopsychosoziale Gesundheit Ihrer Mitarbeiter aufgewertet werden?
- Welchen Mehrwert können Sie auch dem direkten sozialen Umfeld Ihrer Mitarbeiter bieten?

Wenn Sie an dieser Stelle aktiv werden wollen, empfehle ich Ihnen als ersten Schritt die Erhebung von Mitarbeiterangaben über die dominierende Stimmung in Ihrem Unternehmen. Sie haben zwar sicherlich ein Gespür für die Atmosphäre in Ihrem Betrieb, doch bringt die datenbasierte Auswertung nicht selten Einsichten zu Tage, mit denen nicht unbedingt gerechnet worden ist.

Zur Hilfe biete ich Ihnen Fragebögen zur Mitarbeiterbefragung an[19]. Der eine Fragebogen ist für die Mitarbeiter ohne Führungsfunktion vorgesehen, der zweite richtet sich explizit an Führungskräfte. Ihre Einschätzung kann von der Wahrnehmung der anderen Mitarbeiter abweichen. Dies ist insbesondere der Position geschuldet, die Führungskräfte zwischen der Unternehmensspitze und deren Interessen und Zielsetzungen und den Mitarbeitern als ausführende Hand einnehmen.

Ein Hinweis sei noch erlaubt: Die hier angebotenen Fragebögen eignen sich für Unternehmen mit mehr als 100 Mitarbeitern. Bei einer geringeren Mitarbeiterzahl kann die Anonymität möglicherweise nicht gewährleistet werden. Für kleinere Unternehmen empfiehlt sich daher eine externe Datenerhebung, die als Ausgangsbasis zur Führungskräfte- und Mitarbeiterentwicklung genutzt werden kann.

---

[19] Die Fragebögen finden Sie unter www.uvk.digital/9783867648738.

4 Summary

4.1 Wege zu mehr Mitarbeitertreue

Die folgenden 10 Schritte mit Strategien und Hintergrundwissen helfen beim Ausbau der Mitarbeiterbindung und bringen Unternehmen mit engagierten Mitarbeitern in Richtung Markteroberung, Renditesteigerung und Wachstum.

1. Mit Weiterbildungen schaffen Sie eine Win-Win-Situation

Ambitionierte Fachkräfte haben verinnerlicht, dass lebenslanges Lernen heute dazugehört. Deshalb kann Mitarbeitern mit Weiterbildungen Wertschätzung entgegengebracht werden. Man kann ihnen Perspektiven zur fachlichen und persönlichen Weiterentwicklung aufzeigen und sie gleichzeitig ans Unternehmen binden.

Unternehmen mit Trainingsstruktur halten 91 % ihrer Mitarbeiter für ein Jahr und 68 % ihrer Mitarbeiter für mehr als drei Jahre. 50 % dieser Unternehmen steigern ihre Produktivität durch lebenslanges Lernen; 24 % dieser Unternehmen steigern dadurch ihre Gewinnspanne.

2. Mit standardisierten Onboardingprozessen gewinnen Sie produktivere Mitarbeiter

Jeder fünfte Mitarbeiter kündigt in den ersten 45 Tagen seinen neuen Arbeitsplatz. Dieses Risiko wird durch ein strukturiertes Onboarding enorm gesenkt, denn wer ein organisiertes Verfahren durchläuft, bleibt zu 69 % drei Jahre oder länger im Unternehmen.

Denken Sie deshalb ganzheitlich. Die Einarbeitung und Integration eines neuen Mitarbeiters sollte sowohl fachlich als auch sozial und kulturell erfolgen. Der Vorteil standardisierter Onboardingprozesse sind die enormen Kosteneinsparungen, weil Ihre Mitarbeiter Ihre Prozesse schneller durchlaufen, verstehen und dadurch schneller ins produktive Arbeiten kommen.

Weisen Sie zusätzlich jedem Mitarbeiter einen geeigneten internen Tandempartner zu, der ihn bei täglichen Aufgaben als auch bei Wachstumszielen unterstützt.

3. Mit offener Kommunikation und regelmäßigen Feedbackgesprächen fördern Sie den Gemeinschaftssinn und die Unternehmenskultur

Etwa 70 % der Arbeitgeber nutzen jährliche oder halbjährliche Mitarbeitergespräche. Hingegen wünschen sich mehr als 50 % der Mitarbeiter eine Leistungsbewertung mindestens einmal pro Monat.

In regelmäßigen Einzelgesprächen bauen Sie eine echte Beziehung zu Ihren Mitarbeitern auf. Reden Sie über die Karriereentwicklung, würdigen Sie die Erfolge und reflektieren Sie die Rolle Ihres Mitarbeiters im Unternehmen. Nehmen Sie diese Gespräche auch zum Anlass, um selbst Feedback einzuholen. So stärken Sie Ihren Mitarbeiter durch wahres Interesse und erfahren gleichzeitig, welchen Eindruck Sie hinterlassen. Ihren Mitarbeitern geben Sie das Gefühl, gehört zu werden. Dadurch fühlen sie sich wertgeschätzt und bauen Ihnen gegenüber Loyalität auf, die Sie für gemeinsame Ziele brauchen werden.

4. Mit einer flexiblen Arbeitsumgebung erreichen Sie mehr Effektivität

Ohne Ablenkung oder zeitaufwendige Pendelei werden viele Mitarbeiter effizienter arbeiten – indem sie zu gewohnten Zeiten im Büro sind und auch im Homeoffice arbeiten können. Mit flexiblen Arbeitsmöglichkeiten zeigen Sie Ihrem Team, dass Ihnen nicht nur die Produktivität, sondern auch das Wohlbefinden Ihrer Mitarbeiter wichtig ist.

95 % der Mitarbeiter fühlen sich motiviert durch informelle Flexibilität.

70 % der Manager berichten von steigender Produktivität durch flexible Arbeitszeiten.

42 % der Arbeitnehmer würden den Job für eine flexiblere Option wechseln.

Mehr als 63 % der Manager verbinden Geschäftswachstum mit dem Wechsel zu einem flexiblen Arbeitsmodell.

5. Soziales Engagement kann die Fluktuation im Unternehmen zusätzlich senken

79 % der Arbeitnehmer würde lieber in einem sozial aktiven Unternehmen arbeiten.

57 % der Angestellten würden tendenziell von einem Jobwechsel absehen, wenn sich ihr Arbeitgeber (mehr) sozial engagiert.

Mehr als 50 % der „Besten Arbeitgeber“ (Fortune 100) bieten Freiwilligenprogramme an.

Machen Sie soziales Engagement zum Teil Ihrer Unternehmenskultur. Das beflügelt Ihre gemeinsamen Ziele und stärkt die Zufriedenheit im

Team. Gemeinsam einen guten Zweck zu verfolgen, schafft ein Gefühl der Zusammengehörigkeit in Ihrem Team.

6. Mit Karriere- bzw. Entwicklungsplänen für die Mitarbeiter steigern Sie Ihren Ertrag

Identifizieren Sie die Stärken und Schwächen Ihrer Mitarbeiter: Finden Sie konkrete Projekte, an denen sie ihre Zielkompetenzen trainieren können. Schlagen Sie auch proaktiv passende Trainings oder Videotutorials vor.

7. Mit einem integrierten Mentoringprogramm bauen Sie die Führungskompetenz im Unternehmen aus und entlasten das Management

Schon Kinder suchen sich Vorbilder und orientieren sich an Menschen, denen sie vertrauen und von deren Lebenserfahrung sie lernen wollen. Auch später bereichern solche Wegbegleiter die berufliche und persönliche Entwicklung. Das Mentoringprogramm qualifiziert ambitionierte Nachwuchsführungskräfte für weitere Managementaufgaben. Die Mentees erhalten zusätzliche Impulse für ihre Weiterentwicklung zur Führungspersönlichkeit.

Kernelemente des Mentoringprogramms sind die Vermittlung von Wissen, die Entwicklung eines Unternehmenskonzepts sowie die Erarbeitung von Lösungen, teilweise in interprofessionellen Teams.

Hat Ihr Topmanagement das Mentoringprogramm erfolgreich durchlaufen und integriert, werden Sie in der Lage sein, dieses Konzept in Ihrem Unternehmen weiter auszubauen, indem Sie die nächste Führungsriege involvieren. Ihre Führungskräfte erhalten so die Möglichkeit, ihre Teams durch strukturierte Prozesse einfacher zu führen und Freiraum für weitere relevante Aufgaben zu schaffen.

8. Mit Mitarbeiterentwicklung steigern Sie Ihre Rentabilität

In Mitarbeiterentwicklung zu investieren, führt langfristig zu den besten Ergebnissen. Damit sie nicht mehr Zeit in Anspruch nimmt als nötig, führen Sie sich von Anfang an diese Kernfragen vor Augen:

Bildung: Gibt es eine berufsbegleitende Aus-/Weiterbildung, die dem Mitarbeiter und dem Unternehmen nutzen kann?

Bewahren: In welchen Bereichen hat sich der Mitarbeiter bewährt und soll diese Aufgaben weiterführen?

Start: Welche Aufgaben sollen jetzt angepackt werden? Diese Frage stellt sich in Hinblick auf alle Beteiligten, Mitarbeiter und Führungskräfte.

Stopp: Welche Tätigkeiten und/oder Verhaltensweisen stören die betrieblichen Abläufe und sollen abgestellt werden?

9. Stützen Sie die Optimierung Ihrer Prozesse durch Teambuildingmaßnahmen

Teambuildingevents oder -wochenenden helfen, neue Kollegen ins Team zu integrieren. Sie bieten sich vor allem in Phasen personellen Umbruchs an – wenn die Fluktuation insgesamt hoch ist.

10. Ihr werteorientiertes Unternehmensleitbild untermauert das Zugehörigkeitsgefühl und die Loyalität der Mitarbeiter

Werte bringen zum Ausdruck, was in einer Gruppe von Menschen wertgeschätzt wird. Werte wirken identitätsstiftend und geben Orientierung. Ein wertebasiertes Leitbild übernimmt also die Funktion, das Handeln von Mitarbeitern anzuleiten.

Das Bewusstsein über die Ziele und die Strategie des Unternehmens zeigt Ihren Mitarbeitern, warum, wofür und wie sie ihre Aufgaben machen sollen. Über die gemeinsame Vorstellung von der Unternehmensidentität begeistern Sie Ihre Mitarbeiter für die Unternehmensziele. Darüber hinaus trägt Ihr Leitbild deutlich zur Imagepflege bei und hebt Ihr Unternehmen vom Wettbewerb ab. Insbesondere auf dem Arbeitsmarkt schafft Ihnen ein strategisch durchdachtes Leitbild Vorsprung bei der Anwerbung von Fachkräften und Nachwuchs, wenn Sie es aktiv in Ihren Rekrutierungsprozess einbinden.

4.2 Was Ihnen im Veränderungsprozess passiert

Während des Veränderungsprozesses werden Sie merken, welche Mitarbeiter stark im Unternehmen verwurzelt sind und mit Ihnen den Zukunftsschritt wagen. Und Sie werden andere Mitarbeiter verlieren. Das hat in den meisten Fällen weniger mit Ihrem Unternehmen und dem Transformationsvorhaben zu tun, sondern mehr mit der Beschaffenheit und den Eigenschaften des Mitarbeiters. Wenn sich in einem Menschen absolut alles gegen eine Neuausrichtung sträubt, dann sind Sie im Allgemeinen ohne diesen Menschen besser aufgestellt, und es wird leichter für Sie sein, den Zukunftsschritt mit einer kleineren Gruppe zu gehen als jemanden gegen seinen Willen festzuhalten.

Wenn jedoch eine Toparbeitskraft gehen will, und mit ihr wertvolles Unternehmens-Know-how, dann empfiehlt es sich allerdings, bis zur letzten Minute um sie zu kämpfen. Gerade die Toparbeitnehmer, die Ihr Unternehmen verlassen, sollen den letzten Tag noch lange in Erinnerung behalten. Bereiten Sie dafür eine schöne Abschiedsfeier oder gar einen Betriebsausflug vor. Währenddessen überreichen Sie Abschiedsgeschenke, die an die „gute alte Zeit“ (als der Mitarbeiter noch bei Ihnen war) erinnern. Auch die Abschiedsrede will gut vorbereitet sein. Damit signalisieren Sie – loyal und eindeutig – dass Sie weiterhin Interesse an der Weiterbeschäftigung Ihres „Lieblings“ haben. Ich habe sogar schon erlebt, dass zum Abschied direkt ein neuer Arbeitsvertrag ausgestellt worden ist, in dem nur noch drei Felder händisch ausgefüllt werden mussten: Position, Höhe des Gehalts und das Eintrittsdatum. Das war ein klares Signal an den Mitarbeiter: „Wir wollen dich zurückgewinnen!“

Falls Sie so handeln sollten und Ihr Mitarbeiter dennoch ablehnt, halten Sie unbedingt Kontakt zu ihm. Vielleicht überlegt er es sich während der Probezeit im neuen Unternehmen doch noch einmal. Damit Sie als Arbeitgeber nicht „aus den Augen, aus dem Sinn“ sein werden, laden Sie Ihren ehemaligen Mitarbeiter weiterhin zu Firmenfesten ein, schicken Sie ihm Ihre Mitarbeiterzeitschrift oder den Newsletter in regelmäßigen Abständen zu und denken Sie auch an eine Geburtstagskarte. Auch ein „Alumni-Treffen“ zeigt Ihnen, wer loyal ist und weiterhin zur Firma steht. Hier können Sie ungezwungen klar machen, dass Ihr ehemaliger Mitarbeiter jederzeit wieder gern gesehen ist.

4.3 Der Status des beliebten Arbeitgebers

Als Arbeitgebersiegel werden Gütesiegel für Unternehmen bezeichnet, die diesen eine gute Qualität als Arbeitgeber bescheinigen sollen. Diese Auszeichnung nutzen viele Unternehmen zur Personalgewinnung und Imagepflege ihrer Arbeitgebermarke. Sowohl für Arbeitnehmer als auch für Kunden geben Arbeitgebersiegel eine Orientierungshilfe und dienen als Bewertungsmaßstab für Unternehmen. Für Berufserfahrene gelten Arbeitgebersiegel als Kompetenz- und Qualitätsmerkmal.

Aktuell koexistieren auf dem deutschen Markt rund 200 Arbeitgebersiegel, die sich in den Kriterien zur Auszeichnung stark unterscheiden. Für den Bewerber ist nur schwer zu erkennen, wofür ein Siegel für sich, aber auch in Abgrenzung zu anderen Auszeichnungen steht. Grundsätzlich gibt es fünf Haupttypen von Arbeitgebersiegeln. So werden einige auf Grundlage einer Arbeitgeberimage-Studie verliehen. Es geht dabei um eine Einschätzung, die Außenstehende über das Unternehmen als Arbeitgeber treffen. Diese ist häufig eng mit dem Produkt- und Markenimage verknüpft. Das Image aus der Sicht der Mitarbeiter wird hier leider nicht berücksichtigt.

Die zweite Kategorie der Arbeitgebersiegel umfasst spezielle Wettbewerbe und Awards für Arbeitgeber. Unternehmen können sich kostenpflichtig zu diesen Wettbewerben anmelden und stellen in den meisten Fällen Kennzahlen zur Verfügung. In einigen Fällen findet auch eine Mitarbeiterbefragung statt. Im Fokus stehen hier die Qualität der Arbeitsplatzkultur, die gezielt durch Maßnahmen erhöht werden soll. Die Bewertung erfolgt durch eine Expertenjury, die den Arbeitgeber anhand definierter Bewertungskriterien einstuft und im Verhältnis zu Wettbewerbern einordnet. Unternehmen erhalten auf diesem Weg die Chance, durch ausführliches Benchmarking Optimierungspotenziale und Ansatzpunkte zur Verbesserung der Qualität in Führung, Kultur und Zusammenarbeit aufzudecken.

Die dritte Art von Arbeitgebersiegeln bilden Auszeichnungen, die für Einzelaspekte vergeben werden. Bestimmte Teilbereiche des Arbeitslebens, wie zum Beispiel Nachhaltigkeit oder Familienfreundlichkeit, werden hier hervorgehoben und zertifiziert. Die benötigten Informationen werden in der Regel vom Unternehmen selbst erhoben und von einem externen Auditor überprüft. In manchen Fällen reicht auch eine Selbstverpflichtung des Arbeitgebers aus.

Bei der vierten Variante der Arbeitgebersiegel erhalten Unternehmen Auszeichnungen für ihre Leitlinien bzw. den Verhaltenskodex. Um ausgezeichnet zu werden, verpflichten sie sich dazu, bestimmte Regeln und Grundsätze einzuhalten. Die Überprüfung erfolgt durch aktive Nachfrage oder durch die Möglichkeit, Verstöße zu melden.

Die fünfte Arbeitgebersiegelkategorie wird durch Auszeichnungen von Bewertungsplattformen erhoben. Hier können Mitarbeiter, manchmal auch Bewerber, anhand vorgegebener Kriterien anonyme Bewertungen abgeben. Daraus werden Durchschnittswerte ermittelt, die einen Vergleich und ein Ranking der Unternehmen zulassen. Auch manche Anbieter von Bewerbungsportalen vergeben Noten und erstellen ein Top-Ranking der Siegel.[20]

---

[20] Ein Vergleich der Arbeitgebersiegel 2019 findet sich im Internet unter https://www.vergleich.org/arbeitgebersiegel/ (Stand: 8.4.2019).

Übersicht einiger verbreiteter Arbeitgebersiegel

- Deutschlands beste Arbeitgeber (Great Place to Work® Deutschland)
- Erfolgsfaktor Familie (Bundesministerium für Familie, Senioren, Frauen und Jugend)
- Charta der Vielfalt (Charta der Vielfalt e. V.)
- Audit berufundfamilie (berufundfamilie Service GmbH)
- Deutschlands 100 Top Arbeitgeber (trendence Institut GmbH)
- Top Arbeitgeber durch Mitarbeiterzufriedenheit (TÜV SÜD AG)
- DIQP Top-Arbeitgeber (DIQP Deutsches Institut für Qualitätsstandards und -prüfung e. V.)
- New Work Award (XING AG)
- TOP company (kununu GmbH)
- Ausgezeichneter Arbeitgeber (TÜV Rheinland)
- Familienfreundlicher Arbeitgeber (Bertelsmann Stiftung)
- Universum Top 100 Arbeitgeber (Universum Global)
- Work Life+ (fairnessratings GmbH)
- Inklusionspreis (Unternehmensforum e. V.)
- Top Employer Deutschland (Top Employer Institute)
- TOP JOB (zeag GmbH)
- Best Place To Learn (AUBI-plus GmbH)
- Faire Karriere open (pludoni GmbH)
- TOTAL-E-QUALITY (TOTAL-E-QUALITY Deutschland e. V.)
- Attraktiver Arbeitgeber Pflege (sehlbach & teilhaber GmbH)

- Exzellente Ausbildung (Hoteldirektorenvereinigung Deutschland e. V.)
- Trainee-Auszeichnung (Absolventa GmbH)
- TOPAS Top-Arbeitgeber Südniedersachsen (Südniedersachsen-Stiftung)

Bei den vorgestellten Siegeln handelt es sich um einen kleinen Auszug. Viele Siegel spezialisieren sich auf Branchen, Regionen oder bestimmte Kriterien zur Bemessung. Um ein für Sie geeignetes Arbeitgebersiegel zu finden, empfiehlt sich die sorgfältige Recherche. Dabei können Orientierungshilfen wie beim „Zert-o-mat“ gegeben werden, worunter sich verschiedene Anbieter anhand von Themenbereichen filtern und vergleichen lassen. Auch ein Leistungsranking unterhalb der Auszeichnungen wird gegeben.

Wenn Sie sich auf eine Auszeichnung vorbereiten möchten, dann können Sie vorab einige Personalkennzahlen abrufen und mit den Vorjahren vergleichen. Gibt es Tendenzen? Wo sehen Sie den größten Entwicklungsbedarf innerhalb Ihres Unternehmens?

Einige Fragen zur Reflexion

- Welchen Mehrwert liefert Ihr Unternehmen, um sich als Arbeitgeber attraktiv zu machen?
- Was zeichnet Sie aus und unterscheidet Sie von anderen Unternehmen?
- Warum lohnt es sich, bei Ihnen zu arbeiten?
- Wie stark wird in Ihrem Unternehmen individuell auf jeden Mitarbeiter eingegangen?
- Wie engmaschig wird bei Ihnen die Karriereplanung betreut?
- Wie schnell sind Informationen in Ihrem Unternehmen für jeden Mitarbeiter verfügbar?
- Lassen sich diese auch außerhalb Ihrer eigenen Räume abrufen?

- Welche Unterstützung bieten Sie für die Familien Ihrer Mitarbeiter?
- Wie vereinfacht Ihr Unternehmen die Vereinbarkeit von Familie und Beruf?

4.4 loyalworks® – Haltung und Handlungsgrundlage

Wenn man alle Inhalte aus einem guten Buch lückenlos und unverzüglich umsetzen könnte, würden wohl alle Experten ihre Zeit am Schreibtisch verbringen und alles Wissenswerte runtertippen. Doch die Wahrheit sieht anders aus und ist viel individueller.

Ihre intellektuelle Auseinandersetzung mit diesem Buch und dem gesamten Thema loyaler Führung und Zusammenarbeit schätze ich sehr und ich freue mich, wenn ich Ihnen schon jetzt Impulse zur direkten Umsetzung mit auf den Weg geben kann. Doch so wie Sie und alle Menschen um Sie herum Individuen mit unterschiedlichen Bedürfnissen und Ansprüchen sind, so sind der persönliche Umgang und das gegenseitige Erleben durch nichts zu ersetzen. Beides, das Buch und die Auseinandersetzung im Workshop, haben ihre Berechtigung, ihre Wichtigkeit und ihren Platz.

Dieses Buch können Sie immer wieder zur Hand nehmen, um etwas nachzuschlagen. Hier bestimmen Sie das Tempo. Sie können es zuklappen, wenn es anstrengend wird. Es ist geduldig und verlangt nichts.

Mit dem loyalworks®-Workshop *Erfolg next level* wird Ihre Strategie lebendig. Das gemeinsame Erarbeiten strukturierter Programme hilft Ihnen, die internen, betrieblich bedingten oder auch persönlichen Hürden der Beteiligten zu überwinden. Der resultierende Strategie- und Maßnahmenplan ist durch die Verknüpfung mit den Unternehmenszielen sinnstiftend und für alle verbindlich.

Wenn die Inhalte dieses Buches Sie „angetriggert" haben, werden Sie im Workshop keine Wiederholung erfahren, sondern merken, dass es weitergeht! Wir arbeiten intensiv an Ihren unternehmerischen Bedingungen entlang weit über die vorgestellten Inhalte hinaus: Hier schauen wir uns Ihre konkreten Personalkennzahlen an und finden die für Sie passende Auswahl und Reihenfolge an Maßnahmen, um die Mitarbeitertreue und Effektivität in Ihrem Unternehmen auf einen zukunftsweisenden Kurs zu bringen.

Sie erkennen unmittelbar die Potenziale und Entwicklungschancen, um Ihre Personalstruktur und Führungskultur zielsicher und wachstumsstark aufzustellen.

- Kulturstarke Mitarbeiterprogramme für Sicherheit, Orientierung und Bindung
- Professionelle Personalmanagement-Strukturen zur Entlastung der Führungskräfte
- Tandemsysteme zur Sicherung des Wissenstransfers
- Mitarbeiterentwicklung und Kompetenzausbau für produktivere Arbeitsabläufe
- Werteorientiertes Bewerbermanagement und angepasste Recruiting-Kampagnen
- Teambuilding-Maßnahmen zur Steigerung der emotionalen Bindung und internen Konfliktbewältigung

Das Ergebnis: Ihr Führungsteam ist personell gestärkt und arbeitet gemeinsam anhand eines strategischen Leitfadens effektiv auf Ihre Unternehmensziele hin.

Checkliste für Ihren „Erfolg next level“

- ✓ Werden Sie sich der Generationenkluft in Ihrem Unternehmen bewusst.
- ✓ Überlegen Sie sich, wie Sie Ihre Wunschkandidaten für Ihr Unternehmen begeistern können und schaffen Sie Berührungspunkte.
- ✓ Werden Sie noch aktiver, um Talente zu gewinnen und an Ihr Unternehmen zu binden.
- ✓ Bauen Sie eine werteorientierte, attraktive Arbeitgebermarke auf, die eine Sogwirkung auf potenzielle Bewerber ausübt.
- ✓ Nutzen Sie das Persona-Modell für potenzielle Wunschkandidaten, um die Wachstumshürde Mitarbeitermangel in Zukunft zu überwinden.
- ✓ Bauen Sie sich einen Interessentenpool für Ihr Talentmanagement auf, in dem Sie potenzielle Kandidaten für zukünftige Stellenvakanzen „verwalten“.
- ✓ Prüfen Sie, inwiefern Sie Ihre Bewerbungsprozesse verschlanken und vereinfachen können.
- ✓ Machen Sie sich den Trend zur Caring Company bzw. zum „fluiden Unternehmen“ bewusst und prüfen Sie konkrete Möglichkeiten, um Ihren Mitarbeitern Mehrwert zu bieten.

Loyal works! Was nach dem Workshop passiert

Nicht selten wird erst mit dem Ergebnis in den Händen – Ihrer strategischen Handlungsmatrix – erkennbar, um welche Inhalte und Veränderungen es geht. Neue Sichtweisen auf Ihre Führungsmethoden werden in einen zukunftsfähigen Sinnzusammenhang gebracht. Auch die wesentlichen Instrumente zur Vereinfachung Ihrer komplexen Führungsaufgaben und die Hintergründe der gewandelten Mentalität und Einstellung von Arbeitnehmern sind Ihnen klar.

Mehr Impulse zu loyal works!

Loyalität funktioniert! Dennoch eröffnen sich im Arbeitsleben immer wieder neue Herausforderungen und Bedingungen, die hinterfragt und überprüft werden wollen. Deshalb betrachte ich dieses Buch auch nicht als fertig, sondern als veröffentlicht.

Wenn dieses Thema Sie berührt, Sie eine Story haben, die das Zeugnis loyaler Führung ist – oder auf dem Weg dahin sind, dann schreiben Sie mir! Wertvolle Anregungen zum Fokus Loyalität nehme ich gern entgegen. Wenn Sie auf Ihrer Veranstaltung einen Impulsvortrag zum Thema wünschen: sehr gern! Schreiben Sie mir direkt an engel@loyalworks.de.

Die Zukunft beschreibt das Leben in Netzwerken. Wenn dieses Buch für Ihre Kollegen, andere Unternehmen oder für Ihre Netzwerke interessant sein könnte, empfehlen Sie es gern weiter. Ich freue mich darüber – und die Empfänger sicherlich auch!

Mehr zum Thema Loyalität

Ich werde meiner Überzeugung nicht müde! Aus diesem Grund habe ich den Podcast *7-Minuten-loyaler* ins Leben gerufen, der wöchentlich neue Inspirationsquellen zu loyaler Führung und Zusammenarbeit im Alltag bietet – bei iTunes, Spotify und allen gängigen Kanälen. Praxiserprobte Beispiele, nachvollziehbare Entscheidungen und vor allem: jede Menge Input zum Nachahmen und Bessermachen. Hören Sie mal rein! Ebenso können Sie auf meinem Youtube-Kanal kurze Teaser zu meiner Arbeit anschauen.

Ob ein Unternehmen wirklich loyal geführt wird, können wohl am ehesten die Mitarbeiter beurteilen. In meinen *Gute-Nacht-Erfolgsgeschichten* bekommen Sie Stories von Vorbildunternehmen aus Mitarbeitersicht geliefert. Ich verspreche Ihnen, Sie nicht von Ihrer Arbeit abzuhalten. Diese Erfolgsgeschichten erhalten Sie abends zum Schmökern und Staunen auf dem Sofa oder im Bett. Vielleicht fällt Ihnen im Schlaf ja gleich die übersetzte Umsetzungsmöglichkeit für Ihren Betrieb ein? Einfach anmelden unter www.loyalworks.de.

Für alle Leser dieses Buches und Menschen, die sich mehr mit Loyalität als unternehmerischem Bindemittel befassen wollen, bietet die exklusive Facebook-Gruppe „ROYAL FÜHREN, LOYAL HANDELN – Die Gruppe zum Buch" weitere Impulse und Kontakt zu Gleichgesinnten und Führungskräften, die eines gemeinsam haben: die Überzeugung, dass wir mehr Loyalität in Führung und Zusammenarbeit brauchen, wenn wir erfolgreich sein und wachsen wollen. Ich habe diese Gruppe ins Leben gerufen, um Ihnen und weiteren Lesern dieses Buches die Möglichkeit zu geben, miteinander eng am Thema in Austausch zu kommen. Hier geht es um Führungsthemen, Wachstumsprozesse von Unternehmen und wie die Mitarbeitenden am besten mitgenommen werden. Alle Leser dieses Buches sind herzlich eingeladen, in dieser Gruppe Fragen zu stellen und die Diskussionen rund um Loyalität (von Mitarbeitern und Unternehmensführung) anzuregen, ihre Sichtweisen und Erfahrungen zu schildern und voneinander zu profitieren.

4.5 Wirtschaft, Arbeitsmarkt, Zukunft: (m)eine Einschätzung

Es gibt in meinen Augen noch viele Chancen auf dem Arbeitsmarkt, die Unternehmen bisher wenig nutzen. Zu meiner Angestelltenzeit hatte ich die Wahrnehmung, dass Unternehmen klassisch immer noch nach männlichen Akademikern Mitte 30 suchen. Viele Mitarbeitergruppen werden bei der Suche nach Personal kaum bis gar nicht angesprochen. Mein Gefühl sagt mir, dass es Frauen im gebärfähigen Alter, Menschen mit nicht linearem Lebenslauf, mit geringerer Schulbildung, Menschen im fortgeschrittenen Alter und Menschen mit Behinderung schwerer haben, eine Anstellung zu finden. Früher, als Betroffene, habe ich dagegen angekämpft, mich mehr angestrengt, mehr geleistet, um mich messen und beweisen zu können. Dieser Kampf forderte einen hohen Preis – meine, zumindest zeitweise, Desillusion und meine Gesundheit. Ich kam am Ende zu der Erkenntnis, dass ich nicht ein Wunschbild erfüllen kann, dem ich einfach nicht entspreche, weder äußerlich noch in Anbetracht unangemessener Ansprüche noch hinsichtlich meiner Werte. Ich entzog mich damals diesem System, indem ich mich selbstständig machte. Ich glaube, dass solche Erfahrungen viele Menschen frustrieren – so wie es auch bei mir war – und halte das für ein schlechtes Ergebnis für beide Seiten, Arbeitgeber und Angestellte.

Was ich damit meine und betonen möchte, ist, dass wir in Deutschland von Chancengleichheit noch weit entfernt sind. Erst indem wir lernen, als Arbeitgeber Lebensbegleiter unserer mitarbeitenden Mitmenschen zu sein, können wir uns in Richtung Chancengleichheit entwickeln.

Ich persönlich glaube, dass wir in Deutschland keinen Mitarbeitermangel haben müssten. Weit weniger Arbeitgeber würden Personalengpässe beklagen, wenn sie den Wertewandel zuließen und die heute erforderliche Flexibilität in ihrer Unternehmensführung umsetzten. Ich bin überzeugt davon, dass über kurz oder lang nur der Weg der *loyalen Führung und Zusammenarbeit* die Zukunft eines Unternehmens sichert.

Wenn Sie sich trauen, diesen Weg mit Ihren Mitarbeitern gemeinsam zu gehen, dann passiert etwas Großartiges! Sie werden zu einer Orientierung und Sicherheit bietenden Arbeitgebermarke, die mit einer starken Vertrauenskultur und eigenen, unverwechselbaren Werten ihre Mitarbeiter halten und gemeinsam die Unternehmensziele erreichen kann.

Anhang

Checklisten zum Onboarding

Onboardingphase 1: 15 Tage vor dem ersten Arbeitstag

Vorbereitungen

- Informationen zu Tag, Ort (exakter Treffpunkt), Uhrzeit, Verkehrsanbindung (Bus, Bahn, Auto), Parkplätzen und Dresscode schicken
- Computerbedarf und Anforderungen klären
- E-Mail-Adresse einrichten, ins Unternehmensverzeichnis eintragen
- In relevante Mailinglisten eintragen

Arbeitsplatz

- Schreibtisch auswählen, reinigen
- Arbeitsplatz einrichten (Laptop, Monitor, Ladegeräte, Maus, Tastatur usw.)
- Telefon, Zugangskarte(n), Namensschild, Druckerzugang vorbereiten
- Willkommenspaket zusammenstellen – inkl. Zugangsdaten

Kommunikation

- Kurzprofil vom neuen Mitarbeiter anfordern, um ihn besser integrieren zu können
- Agenda für die erste Woche erstellen und an neuen Mitarbeiter schicken

Planung

- Zugriffsrechte für wichtige Konten, Laufwerke, Systeme, Tools und Plattformen vergeben

- regelmäßige Meetings aufsetzen und neuen Mitarbeiter zu relevanten Meetings einladen
- passende Trainings buchen
- zwecks Vorstellung des neuen Mitarbeiters am ersten/zweiten Arbeitstag Termin zum gemeinsamen Team-Mittagsessen festlegen
- erste Aufgaben des neuen Mitarbeiters definieren

Onboardingphase 2: Tag 1 mit Ihrem neuen Mitarbeiter

Grundlagen

- Kontrolle (HR): Sind alle Unterlagen vollständig vorhanden?
- Einweisung: Telefonsystem, Videokonferenz, Raumbuchung für Meetings. Zugriff auf wichtige Computerprogramme, Laufwerke und Systeme. Prozesse zur Spesenabrechnung und Zeiterfassung (wenn nötig)

Ein herzliches Willkommen

- kleines Begrüßungspaket mit Aufmerksamkeiten überreichen und im Team willkommen heißen
- Liste mit Restaurants in der Nähe aushändigen
- gemeinsames Mittagessen mit dem neuen Mitarbeiter und seinen engsten Kollegen organisieren

Vorstellungen

- den neuen Mitarbeiter in relevanten Teams per E-Mail vorstellen
- mit Kollegen bekannt machen
- Vorgehen und Prozesse bei IT-Anfragen klären

Rundgang

- Toiletten
- Drucker, Kopierer, Faxgeräte

- o Büromaterial
- o Pausenräume
- o Verbandskasten
- o ggf, Raucherbereich(e)

Onboardingphase 3: Tag 2 mit Ihrem neuen Mitarbeiter

Aufgaben klären

- o Überblick verschaffen: Was erfordert der Job im Alltag?
- o Plan für die erste Woche besprechen, evtl. benötigte Trainings bestätigen
- o Job-Beschreibung, Aufgaben und Erwartungen besprechen:
  - Welche Aufgaben hat der neue Mitarbeiter?
  - Wofür ist er verantwortlich?
  - Welche Zielvorgaben haben Sie für den neuen Mitarbeiter?
  - Welche Ziele und Erwartungen hat der neue Mitarbeiter?
  - Was wird von ihm nach 30, 60, 90 Tagen erwartet?

Überblick für Personalentscheider

- o Definieren Sie Ihren persönlichen Führungsstil:
  - Wie können Sie am besten zusammenarbeiten?
  - Was sind Ihre Vorlieben und Erwartungen als Führungskraft?
- o interne Prozesse besprechen
- o jährliches Mitarbeitergespräch und Zielsetzung erläutern

Onboardingphase 4: Die erste Arbeitswoche

Hilfreiche Hintergrundinformationen

- o Eine Liste mit hilfreichem Material für das Onboarding, Produktinformationen/-übersicht, Informationen zur Branche, Analyse der Konkurrenz, In-

formationen zur Marke, Dokumentationen interner Prozesse und Links zu Systemschulungen bereitstellen.
- Erwartungen definieren, wie und wann der Mitarbeiter die Informationen verinnerlicht haben sollte, Prioritäten setzen

Unternehmensziele

- eine Sicht auf das Unternehmen geben – das große Ganze erläutern – und die Rolle des Mitarbeiters darin aufzeigen
- Besprechen von Unternehmensphilosophie, Markenwerten, Unternehmensstruktur und Zielen des Unternehmens

Blick in die Zukunft

- zusätzliche Trainings planen, wenn nötig
- Termine für kurze Gespräche vereinbaren, um Fortschritt im Onboarding zu prüfen und um Fragen zu beantworten
- einen Onboarding-Partner oder Mentor benennen
- Eine Person auswählen, die ähnliche Alltagsaufgaben ausführt wie der neue Mitarbeiter, damit er sich an diese bei Fragen wenden kann.

Die erste Aufgabe

- Nehmen Sie sich die Zeit, eine erste Aufgabe zu entwerfen, die eine Herausforderung für Ihren neuen Mitarbeiter darstellt. Das sorgt dafür, dass er Vertrauen in seine Rolle entwickelt und legt die Grundlage für längerfristigen Erfolg.
- Lassen Sie sich die Ausführung der Aufgaben lieber zeigen als beschreiben.

Onboardingphase 5: Der erste Arbeitsmonat

Erfolge unterstützen

- o Mittagessen oder ein Feierabendbier mit dem erweiterten Team
- o dem neuen Mitarbeiter dabei helfen, dass er mehr Menschen im Unternehmen kennenlernt und sichtbar wird
- o Termin vereinbaren, um die Arbeitsbeziehung zu bewerten:
  - Gibt es verbesserungsfähige Bereiche?
  - Wie können wir besser zusammenarbeiten?
  - Ermutigen Sie den Mitarbeiter zu Offenheit: Hat er Fragen/Bedenken?

Die Arbeit bewerten

- o Termin festlegen, um basierend auf dem Erfolg der ersten Aufgabe Ihres neuen Mitarbeiters zu besprechen, was funktioniert hat und was nicht
- o Aufgaben anpassen und klare Ziele setzen, die nach sechs Monaten überprüft werden

Wachstum fördern

- o zusätzliche Aufgaben und weiter gefassten Strategieplan mit den wichtigsten Projekten besprechen
- o Mentor zuweisen und bekannt machen
- o Leistungserwartungen festlegen und monatliches Feedbackgespräch sowie jährliches Mitarbeitergespräch vereinbaren
- o Wichtige Lektüre bereitstellen, z. B. Bücher, die für die Branche oder Position wichtig sind

Danksagung

Ein Buch zu schreiben ist eine Geburt für sich. Ohne die Hilfe einiger Geschäftspartner, die private Unterstützung und das Wohlwollen von Experten wäre dieses Buch nicht möglich gewesen.

Zuerst möchte ich Dr. Jürgen Schechler, meinem Verlagsleiter, danken, der mir als „unbeschriebenes Blatt“ in Fachbuchkreisen eine Chance gegeben und mich auf dem Weg zur Autorin begleitet hat.

Ich danke Anne M. Schüller, die mich mit ihrem Vorwort ins Thema geleitet, in dem auch sie Expertin ist. Die Power dieser preisgekrönten Bestsellerautorin hat mich mental für den Endspurt gestärkt.

Ich danke den Meinungsführern und Führungskräften, die mir mit fundiertem Wissen und vielen Beispielen gedient haben, darunter Dr. Denis Mourlane, Sven Gábor Jánszky, Suzanne Grieger-Langer, Roberto Wendt, Fréderic Laloux, Wolf Reiner Kriegler, Janina Kugel, Olaf Feuerstein, Dieter Lange, Rainer Guse.

Ich danke auch Dennis Waltz, Christine Nordenholz und meinem Team für die Unterstützung bei der Recherche, der Erstellung von Grafiken und der Abnahme vieler weiterer Tätigkeiten im Geschäftsalltag einer Selbstständigen.

Und last but not least möchte ich meinen Liebsten danken, die mir wertvollen Freiraum für die Arbeit an diesem Buch zugestanden haben; auch an Wochenenden und in manchen Nächten.

Danke!

Glossar

Arbeitgebersiegel

Auszeichnung oder Zertifikat für besondere Leistungen eines Unternehmens zugunsten der Mitarbeiter; Qualitätsmerkmal als Arbeitgeber

Fachkräftemangel

Wirtschaftszustand, in dem eine bedeutende Anzahl von Arbeitsplätzen mit bestimmten Fähigkeitsprofilen wegen unzureichender qualifizierter Mitarbeiter nicht besetzt werden kann

Feedbackgespräche

auch Feedbackkultur: regelmäßiges Ritual für 1:1-Besprechungen, in der Regel zwischen Vorgesetztem und Mitarbeiter, um Rückmeldungen und Vorschläge zur Zusammenarbeit zu geben

Fehlerkultur

Art und Weise des Umgangs mit Fehlern, Fehlerrisiken und Fehlerfolgen

Führungskompetenz

Fähigkeit, Ziele festzulegen und Menschen in ihrem Verhalten so anzuleiten, dass diese Ziele in Resultate umgesetzt werden

Generation X

Altersgruppe der ca. 1965–1979 Geborenen

Generation Y

auch „Gen Y“ oder Millenials genannt. Bezeichnet die Altersgruppe der ca. 1980–1997 Geborenen

Generation Z

Altersgruppe der ca. 1998–2012 Geborenen

Hierarchie

(pyramidenförmige) Rangordnung, Rangfolge im Unternehmen

Image

inneres Stimmungsbild des Unternehmens; Wahrnehmung des Unternehmens intern und/oder extern

Integrationsprozess

Einbeziehung und Eingliederung von Mitarbeitern ins Unternehmen

Jobsharing

flexibles Arbeitsplatzmodell, bei dem sich zwei oder mehr Mitarbeiter mindestens eine Vollzeitstelle teilen

Leitbild

auch Leitlinien/Teamkodex/Verhaltenskodex: Idealvorstellungen und -werte als Vorbild für das Empfinden und Handeln von Mitarbeitern

Markenbotschafter

Fürsprecher im Alltag; Berichterstatter über positive Erfahrungen und Begeisterung für eine Marke bzw. ein Unternehmen

Mentoring

Personalentwicklungsinstrument, Instrument für den Wissenstransfer

Mittelstandsbarometer

Maßstab zur Bestimmung des Wirtschaftszustands mittelständischer Unternehmen

Net Promoter® Score (NPS)

Kennzahl, die in Wechselwirkung mit dem Unternehmenserfolg steht

Onboarding

Aufnahme neuer Mitarbeiter mit allen Maßnahmen, welche die Eingliederung und Integration fördern

Paradigmenwechsel

Wandel grundlegender Rahmenbedingungen, hier der Arbeitseinstellung und Unternehmenskultur

Recruiting

Personalbeschaffung und Kandidatenansprache

Reziproke Flexibilität

Wechselseitig angepasstes Verhalten zwischen Arbeitgeber und Arbeitnehmer

Teambuilding

Maßnahmen zur Stärkung der Gemeinschaft und des Zugehörigkeitsgefühls von Mitarbeitern

Unternehmenskommunikation

interne Kommunikation in Organisationen sowie Marktkommunikation; wird oft synonym mit unternehmensbezogener PR-Arbeit (Public Relations) verwendet

Unternehmenskultur/Wertekultur

auch Organisationskultur, Betriebskultur, Verwaltungskultur, Arbeitskultur: Entstehung und Entwicklung von Wertmustern innerhalb einer Organisation; ein System von Regeln und Gewohnheiten, welche die Zusammenarbeit und das Verhalten von Menschen leiten

Literaturhinweise

AOK-Website, https://www.aok-business.de/gesundheit/bgf-in-ihrer-organisation/gesunde-unternehmenskultur/studie-zur-unternehmenskultur/ (Stand: 4.4.2019)

Balzer, Klaus: Die McKinsey-Methode, Ueberreuter, Wien 2000

Borbonus, René: Respekt, Econ, Berlin 2011

Brenner, Doris: Onboarding, Springer Gabler, Wiesbaden 2014

Burchell, Noel, „Concept Mapping & Pattern Matching" – Erfassung von Unternehmenskultur und ihren Auswirkungen auf Erfolg, in: Bertelsmann Stiftung, Messen, werten, optimieren. Erfolg durch Unternehmenskultur. Ein Leitfaden für die Praxis, https://www.bertelsmann-stiftung.de/fileadmin/files/BSt/Publikationen/GrauePublikationen/GP_Messen_werten_optimieren.pdf, Güthersloh 2006 (Stand: 4.4.2019)

Collin, Matthias: In zwölf Schritten besser werden – Praxisleitfaden zur Unternehmensoptimierung, Gabler, Wiesbaden 2010

Conin-Ohnsorge, Vanessa/Lackner, Martina/Weinländer-Mölders, Angelika: Männer an der Seite erfolgreicher Frauen, Haufe, Freiburg 2018

Economy, Peter: Management für Dummies, Wiley-VCH, Weinheim 2017

Führmann, Ulrike/Schmidbauer, Klaus: Wie kommt System in die interne Kommunikation, Talpa, Berlin 2011

Graf, Nele/Edelkraut, Frank: Mentoring, Springer Gabler, Wiesbaden 2014

Grieger-Langer, Suzanne: Die 7 Säulen der Macht, Jungfermann, Paderborn 2006

Groth, Alexander: Der Chef, den ich nie vergessen werde, Campus, Frankfurt/Main 2014

Hacke, Axel: Über den Anstand in schwierigen Zeiten und die Frage, wie wir miteinander umgehen, Kunstmann, Bad Kissingen 2017

Händeler, Erik: Die Geschichte der Zukunft, Brendow Verlag, Moers 2013

Haller, Reinhold: Checkbuch für Führungskräfte, Haufe, München 2012

Herbst, Dieter Georg: Warum interne Kommunikation für Mitarbeitende so wichtig ist und wie sie funktionieren kann, School for Communication and Management, Berlin 2014

Hettl, Matthias K.: Führung kompakt, BusinessVillage, Göttingen 2014

Hoffmann, Kerstin: Lotsen in der Informationsflut, Haufe, Freiburg 2017

Holmes, Stephanie: Social Media Marketing, Webmasters Press, Nürnberg 2019

Jánsky, Sven Gábor: Das Recruiting-Dilemma, Haufe, Freiburg 2014

Janssen, Bodo: Die stille Revolution, Ariston, München 2016

Kriegler, Wolf Reiner: Praxishandbuch Employer Branding, Haufe, Freiburg 2015

Laloux, Fréderic: Reinventing Organizations, Vahlen, München 2017

Linker, Wolfgang J.: Kommunikative Kompetenz: Weniger ist mehr, Gabal, Offenbach 2011

Mahlstedt, Anja: Wie Frauen erfolgreich in Führung gehen, Springer Gabler, Wiesbaden 2017

Meerman Scott, David: Die neuen Marketing- und PR-Regeln im Social Web, mitp, Heidelberg 2014

Mourlane, Denis: Emotional Leading, dtv, München 2015

Neuberger, Oswald: Führen und führen lassen, Lucius & Lucius UTB, Stuttgart 2002

Niermeyer, Rainer: Teams führen, Haufe, Freiburg 2016

Prost, Winfried: Dialektik – die Psychologie des Überzeugens, Gabler, Wiesbaden 2010

Reichheld, Fred: The Loyalty Effect, Harvard Business School Press, Boston 2001

Resetka, Hans-Jürgen/Felfe, Jörg: In Führung gehen, Haufe, Freiburg 2014

Rupp, Miriam: Storytelling für Unternehmen, mitp, Frechen 2016

Schüller, Anne M.: Das Touchpoint Unternehmen, Gabal, Offenbach 2014

Schüller, Anne M./Fuchs, Gerhard: Total Loyalty Marketing, Gabler, Wiesbaden 2006

Schüller, Anne M./Steffen, Alex T.: Die Orbit-Organisation, Gabal, Offenbach 2019

Schüller, Anne M./Steffen, Alex T.: Fit für die Next Economy, Wiley, Weinheim 2017

Simon, Walter: Grundlagen der Arbeitsorganisation, Gabal, Offenbach 2004

Simon, Walter: Grundlagen der Kommunikation, Gabal, Offenbach 2004

Simon, Walter: Management-Techniken, Gabal, Offenbach 2005

Simon, Walter: Führung und Zusammenarbeit, Gabal, Offenbach 2006

Simon, Walter: Persönlichkeitsentwicklung, Gabal, Offenbach 2007

Simon, Walter: Zukunft, Gabal, Offenbach 2011

Weller, Robert/Firnkes, Michael: Blog Boosting, mitp, Blaufelden 2015

Wolf, Gunther: Mitarbeiterbindung, Haufe, Freiburg 2013

Quellennachweise

Abbildung „Loyalitätsbedarf in deutschen Unternehmen“: Sailpoint (sailpoint.com)

Abbildungen „Gallup Engagement Index. Studie in Deutschland 2001–2018“, „Nur 15 Prozent sind wirklich begeistert“, „Jeder siebte Mitarbeiter hat innerlich gekündigt“, „Stress- oder Burnout-Gefühl nach dem Grad der emotionalen Bindung“, „Fehlzeit aufgrund von Krankheit oder Unwohlsein nach dem Grad der emotionalen Bindung“, „Langfristige Treue zum Unternehmen nach dem Grad der emotionalen Bindung“, „Mangel an Weiterbildung für Führungskräfte“ und „Die Führungskraft als möglicher Auslöser einer Kündigung nach dem Grad der emotionalen Bindung“: in Anlehnung an Berkemeyer Unternehmensbegeisterung, https://www.berkemeyer.net/news/gallup-studie/, Daten aus dem Gallup Engagement Index 2016 und 2018

Abbildung „Skala des Net Promoter Score® nach Fred Reichhold“: in Anlehnung an Schüller, Anne M./Fuchs, Gerhard: Total Loyalty Marketing, Gabler, Wiesbaden 2006, S. 323

Abbildung „Können Sie längerfristig Stellen nicht besetzen, weil Sie keine passenden Arbeitskräfte gewinnen?“: Miriam Engel, Daten aus DIHK-Arbeitsmarktreport 2019, https://www.dihk.de/presse/meldungen/2019-03-13-arbeitsmarkt-report (Stand: 8.4.2019)

Abbildungen „Wege zum passenden Auszubildenden“, „Produktivitätsverlust durch Mitarbeiterwechsel“ und „Tipps für Mitarbeitergespräche“: Miriam Engel